INTRODUCCIÓN
A LA FÍSICA CUÁNTICA

COORDINADOR
Eugenio Manuel Fernández Aguilar

INTRODUCCIÓN A LA FÍSICA CUÁNTICA

Desafiando la intuición: un viaje por los misterios de la realidad

© Los autores, 2024
© Editorial Pinolia, S. L., 2024
C/ Cervantes, 26
28014 Madrid

www.editorialpinolia.es
info@editorialpinolia.es

Colección: Divulgación científica
Primera edición: abril de 2024

Depósito legal: M-4217-2024
ISBN: 978-84-19878-42-7

Diseño y maquetación: Andrés Pérez Muñoz
Diseño cubierta: Alvaro Fuster-Fabra
Impresión y encuadernación: Industria Gráfica Anzos, S. L. U.

Printed in Spain - Impreso en España

ÍNDICE

PRÓLOGO

Este libro nos transporta a las entrañas mismas de la realidad, a ese lugar donde las partículas subatómicas danzan en un *ballet* de incertidumbre. Nos aventuramos en el asombroso reino de la mecánica cuántica. Imaginemos un mundo donde las reglas familiares se desvanecen y las partículas se muestran como ondas y corpúsculos simultáneamente, un mundo gobernado por la dualidad onda-corpúsculo. Este intrigante principio, del que se habla en uno de los capítulos, es solo una puerta de entrada al vasto paisaje de fenómenos cuánticos que dan forma a nuestra realidad más íntima.

La revolución láser, que emerge como un hito en nuestro recorrido, nos conducirá por los caminos iluminados por la luz cuántica. Experimentamos cómo la superconductividad nos sumerge en un reino donde la resistencia eléctrica desaparece, permitiéndonos explorar las maravillas de un mundo cuántico más profundo. A medida que avancemos por el libro que tienes entre las manos, nos enfrentaremos a los desafíos que plantearon grandes mentes como Einstein, cuyas objeciones a la mecánica cuántica resuenan en el tejido mismo de nuestra comprensión. El principio de indeterminación, que pone en duda la certeza de nuestras mediciones, nos invita a reflexionar sobre los límites de nuestra percepción.

Más allá de los confines teóricos, exploramos los experimentos «imposibles» que desafían nuestras nociones más arraigadas. El gato de Schrödinger, el efecto túnel y la paradoja EPR nos llevan a la frontera misma de lo comprensible, donde la mecánica cuántica despliega sus enigmas más desconcertantes. En este viaje, no solo nos sumergimos en el vacío cuántico, sino que también exploramos las conexiones entre dos mundos aparentemente dispares: la física cuántica y la física clásica. Las ecuaciones de Ehrenfest actúan como puentes entre estas realidades, tejiendo una narrativa que conecta las leyes cuánticas con las leyes clásicas que gobiernan nuestro día a día.

Finalmente, cerramos nuestro viaje explorando cómo la mecánica cuántica ha dejado su marca en la cultura popular, revelando el modo en que la ciencia más vanguardista puede resonar en la imaginación colectiva. En cada página de este cautivador recorrido, no solo ampliaremos nuestro conocimiento, sino que nos sumergiremos en la insondable riqueza y complejidad de un cosmos regido por las leyes cuánticas.

Eugenio Manuel Fernández Aguilar

Las matemáticas de la mecánica cuántica

de la mecánica cuántica

Avelino Vicente
Investigador Ramón y Cajal
en el Instituto de Física Corpuscular
(CSIC - U. Valencia)

A menudo contamos las teorías científicas tal y como aparecen en los libros de texto actuales, olvidándonos del largo camino que tuvieron que recorrer hasta llegar a su forma final. En su elaboración, una teoría científica suele pasar por errores, momentos de confusión y caminos que no conducen a ninguna parte. Así fue también el desarrollo de la mecánica cuántica. Desde el pistoletazo de salida que supuso la hipótesis cuántica de Planck hasta la teoría que hoy estudiamos en las facultades de Física pasaron tres décadas. Y, como no podía ser de otra forma, hubo planteamientos muy diversos, en algunos casos incluso excluyentes. Eventualmente, las diversas formas de la incipiente mecánica cristalizaron en unos postulados matemáticos que en la actualidad sirven de base para toda la teoría cuántica.

¿DOS MECÁNICAS CUÁNTICAS?

Hace aproximadamente cien años, a mediados de los años 20 del siglo pasado, la física cuántica era un batiburrillo de ideas, trucos de cálculo e hipótesis diversas, conectadas entre sí de un modo u otro, pero sin unos sólidos cimientos sobre los que fundamentarse. Además, había dos grandes escuelas con unos planteamientos sobre la teoría cuántica aparentemente enfrentados. La escuela liderada por Einstein ponía el foco en el comportamiento dual onda-corpúsculo observado en la luz y tenía como objetivo construir una teoría en la que la materia y la radiación fueran descritas como ondas. Por otro lado, la escuela liderada por Bohr hacía hincapié en el carácter discreto de los espectros atómicos y daba una mayor importancia al concepto de «salto cuántico» que él mismo había introducido en su modelo del átomo. Ambos planteamientos podían dar cuenta de algunos fenómenos, pero fracasaban en otros. En este contexto iba a darse no una, sino dos revoluciones para la teoría cuántica.

En 1925, Werner Heisenberg se encontraba buscando una forma de calcular la intensidad de las líneas espectrales del hidrógeno. Cuando un átomo emite luz no lo hace en todas las frecuencias posibles, sino en unas muy específicas que pueden usarse para identificarlo. Entender la razón detrás de dichas frecuencias y ser capaces de calcular la intensidad de cada una de ellas era un problema abierto en ese momento. El

Werner Karl Heisenberg fotografiado en enero de 1930.

hidrógeno es el átomo más sencillo, así que parecía razonable empezar por él. Con el objetivo de huir del polen, al que tenía alergia, Heisenberg se retiró a la isla alemana de Helgoland, en el mar del Norte, donde se concentró absolutamente en el problema de las líneas espectrales. Tras darle muchas vueltas, descubrió que la clave podía estar en introducir en sus cálculos ciertas cantidades que se multiplicaban de una forma un tanto peculiar y no conmutativa, es decir, para las que A x B no es igual que B x A". Esto le dejó algo perplejo, pero como todo parecía encajar, decidió escribir un artículo científico con sus hallazgos. A su vuelta a Göttingen, mostró sus resultados a sus colegas Max Born y Pascual Jordan, quienes inmediatamente reconocieron la presencia de matrices en las ecuaciones de Heisenberg, algo que le había pasado completamente desapercibido. Tras este descubrimiento, Heisenberg, Born y Jordan trabajaron juntos en la elaboración de una mecánica cuántica que usara matrices para describir las cantidades observables. Su gran triunfo fue la creación de la mecánica matricial.

También en 1925, y de forma independiente a Heisenberg y sus colegas, el austriaco Erwin Schrödinger se encontraba trabajando en la ecuación que llevaría su nombre. En su caso, la motivación y el punto de partida eran bien distintos. Para Schrödinger, la clave para construir una teoría cuántica completa se hallaba en la naturaleza ondulatoria de la luz y la materia. El francés Louis De Broglie ya había dado pasos decisivos en esta dirección al mostrar que era posible reproducir los resultados del modelo atómico de Bohr suponiendo que los electrones se comportaban como una onda estacionaria. Inspirado por este prometedor resultado, Schrödinger se propuso encontrar una ecuación de ondas que describiera el comportamiento del electrón. Las ecuaciones de ondas son bien conocidas en el campo de las matemáticas, por lo que Schrödinger conocía la estructura de la ecuación buscada. Guiado por varias analogías y razonando de forma heurística, eventualmente encontró una ecuación con las propiedades deseadas. La incógnita de dicha ecuación era la famosa función de onda, sobre la que actuaban derivadas de varios tipos, justo

El físico alemán Werner Heisenberg (1901-1976), charla con un grupo de estudiantes durante la XV convención de los premios nobel el 2 de julio de 1965 en Lindau. Heisenberg fue uno de los fundadores de la física cuántica y recibió el premio Nobel en 1932 por su versión de mecánica matricial de la teoría de la física cuántica.

de la forma que una ecuación de ondas exige. Para saber si su trabajo iba por buen camino, aplicó su ecuación al átomo de hidrógeno, que se había convertido en el banco de pruebas de cualquier teoría que aspirara a ser la nueva mecánica cuántica. Pese a las dificultades matemáticas, Schrödinger fue capaz de resolver la ecuación que él mismo había planteado y obtener las líneas espectrales del átomo de hidrógeno. Su resultado reproducía exactamente los niveles energéticos del modelo de Bohr. La mecánica ondulatoria acababa de nacer.

Hacia la unificación

En la primavera de 1926 teníamos dos mecánicas cuánticas centradas en aspectos muy distintos del mundo microscópico y con lenguajes completamente diferentes. La mecánica matricial de Heisenberg ponía el foco en las cantidades discretas y usaba un formalismo matemático basado en las matrices, asociadas al área del álgebra, mientras que la mecánica ondulatoria de Schrödinger estaba escrita utilizando cantidades continuas y ecuaciones diferenciales, propias del área del análisis matemático.

La comunidad se encontraba dividida en dos bandos. En el primero se encontraban figuras como Bohr o Pauli, que aceptaban sin problemas la mecánica matricial, más moderna. El segundo, más favorable a la mecánica ondulatoria, tenía entre sus filas al mismísimo Einstein, quien consideraba el formalismo matricial un galimatías en el que no se podía confiar. El problema eran las matemáticas. Frente al oscuro lenguaje de las matrices y el álgebra lineal, desconocido para los físicos de la época, se encontraba el familiar lenguaje de las ecuaciones diferenciales, empleado durante siglos para estudiar fenómenos ondulatorios. Era, por lo tanto, natural que aquellos con

En 1926, la comunidad científica estaba dividida entre la mecánica matricial de Heisenberg y la mecánica ondulatoria de Schrödinger. En este bando se encontraba Einstein (en la imagen, en 1921) quien consideraba el formalismo matricial un galimatías en el que no se podía confiar.

una formación más «clásica» se inclinaran claramente por los métodos de Schrödinger.

Y, sin embargo, ambas teorías conducían al mismo resultado cuando se aplicaban a los problemas de interés para la comunidad científica del momento. Esto, obviamente, era muy sospechoso. Si bien estaban escritas con planteamientos matemáticos en principio muy diferentes, el hecho de que coincidieran tan plenamente en sus predicciones era muy sugerente. En el ambiente flotaba una pregunta: ¿no serán realmente la misma teoría?

El primer paso hacia la unificación de las dos versiones de la mecánica cuántica lo dio el propio Schrödinger. En primer lugar, mostró que era posible reescribir su famosa ecuación en términos de unos operadores diferenciales que actúan sobre la función de onda. Esta idea ya la había tenido previamente Born, pero no le había sacado partido. El resultado de aplicar dichos operadores sobre la función de onda depende del orden en que se actúa con ellos, del mismo modo que el producto de dos matrices depende del orden en que aparecen. Eso le permitió asociar una matriz a cada operador, estableciendo de este modo un paralelismo entre las funciones continuas de su mecánica ondulatoria y las matrices discretas de la mecánica matricial. La conclusión a la que llegó Schrödinger fue que la coincidencia entre las predicciones de ambas mecánicas no era una casual: ¡eran la misma teoría!

Dirac y von Neumann entran en escena

El paso dado por Schrödinger, pese a su gran importancia, no era definitivo. Había demostrado que era posible partir de su mecánica ondulatoria y llegar a la mecánica matricial, pero no el proceso inverso. Esto en matemáticas es crucial y no podemos hablar de equivalencia completa entre dos conceptos si el camino entre ellos no puede recorrerse en ambos sentidos. Para demostrar una equivalencia absoluta entre ambas teorías era necesario ir más allá y establecer un marco matemático común del que ambas puedan emerger.

De izda. a dcha., el físico británico Paul Adrien Maurice Dirac
fotografiado en 1933, año en el que ganó el premio Nobel y
John von Neumann (matemático del proyecto Manhattan y pionero de las
computadoras electrónicas) en 1940.

Los pasos finales hacia la unificación de ambas mecánicas
los dieron el británico Paul Dirac y el húngaro-estadounidense
John von Neumann. Tanto Dirac como Von Neumann eran
matemáticos de formación, lo que hizo que contaran con el
entrenamiento y los conocimientos apropiados para enfrentar-
se al problema. En perspectiva, es evidente que los físicos de
la época no estaban armados con las herramientas necesarias
para profundizar en la esencia matemática de la mecánica matricial y hallar las claves que permitían mostrar su equivalencia
con la mecánica ondulatoria.

Dirac fue el primero en recorrer este camino. Tras una serie de artículos en los que dio los primeros pasos, plasmó la
culminación de sus ideas en el libro *The Principles of Quantum
Mechanics* («*Los principios de la mecánica cuántica*»), publicado en
Londres en 1930. En esta influyente obra se habló por primera
de vez de estados y observables, conceptos comunes de la mecánica cuántica moderna. Además, en versiones posteriores de

Sobre estas líneas, el físico teórico británico Paul Adrien Maurice Dirac al que se le atribuye la unificación de la mecánica cuántica con la relatividad espacial.

la misma, Dirac introdujo la famosa notación bra-ket, de uso muy extendido en la actualidad. Sin embargo, su demostración de la equivalencia entre las dos mecánicas no cumplía con el alto nivel de rigor que exigen las matemáticas. Por ejemplo, Dirac sorteó algunas de las dificultades que se encontró usando la famosa «delta de Dirac», un extraño objeto matemático con propiedades contradictorias. Fueron necesarios más de 20 años y el desarrollo de la teoría de distribuciones, un área muy moderna del análisis matemático, para demostrar la validez del procedimiento de Dirac.

Por su parte, Von Neumann estaba completamente insatisfecho ante los aparentes agujeros matemáticos en la demostración de Dirac, así que se propuso dar una nueva vuelta de tuerca y encontrar una demostración absolutamente rigurosa. Armado con las técnicas del abstracto análisis funcional, finalmente alcanzó su meta y demostró sin ninguna sombra de duda (¡ahora sí!) la equivalencia entre las mecánicas matricial y ondulatoria en su tratado *Mathematische Grundlagen der*

De izquierda a derecha, el escritor ruso Ivan Bunin, el físico austriaco Erwin Schrodinger, Paul Dirac y el físico alemán Werner Heisenberg en la entrega de los premios Nobel.

Quantenmechanik («*Fundamentos matemáticos de la mecánica cuántica*»), publicado en Berlín en 1932. Esta magistral obra culminaba el camino iniciado años atrás por Heisenberg y Schrödinger. Ahora podía afirmarse con rotundidad: ¡la mecánica cuántica se había unificado!

LOS POSTULADOS DE LA MECÁNICA CUÁNTICA

La unificación conseguida por Dirac y Von Neumann dio paso a la mecánica cuántica que hoy conocemos. Aunque hay muchos aspectos de esta teoría que siguen investigándose en la actualidad, todos ellos descansan sobre los fundamentos matemáticos establecidos por estas dos figuras clave. El marco teórico de la mecánica cuántica moderna se resume en los postulados de la mecánica cuántica, también conocidos como los axiomas de Dirac-Von Neumann. Se trata de media docena de definiciones matemáticas muy precisas. Con ellas se establece qué es un estado cuántico, qué es un observable, qué

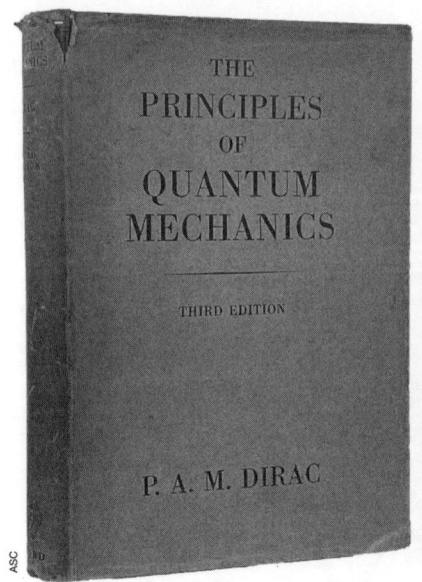

A la izquierda, portada de una tercera edición de *Principios de la mecánica cuántica*, de P. A. M. Dirac. A la derecha, *Fundamentos matemáticos de la mecánica cuántica*, de Von Neumann.

resultados pueden obtenerse al realizar una medida, qué le sucede al sistema cuando se mide y cómo evoluciona con el paso del tiempo. A partir de este conjunto de definiciones es posible «redescubrir» tanto la mecánica matricial de Heisenberg como la mecánica ondulatoria de Schrödinger. De hecho, de este pequeño conjunto de reglas matemáticas emergen las diversas ideas sobre el mundo microscópico planteadas en las tres décadas precedentes.

La mecánica cuántica moderna es un sólido edificio cimentado sobre las ideas de Bohr, Heisenberg y Schrödinger, sostenido por los fuertes muros levantados por Dirac y culminado con el elegante remate matemático construido por Von Neumann. Sus pilares son los postulados de la mecánica cuántica y sobre ellos descansa una de las teorías más fascinantes que ha creado el intelecto humano.

La revolución láser

Rui Emanuel Ferreira Da Silva
Instituto de Ciencia de Materiales de Madrid.
Consejo Superior de Investigaciones Científicas
(ICMM-CSIC), Madrid

En ciencia, el láser ha supuesto una revolución en la manera como interactuamos con la materia a nuestro alrededor. Nuestro entendimiento actual de lo infinitamente pequeño, —electrones—, hasta lo infinitamente grande, —el cosmos—, no sería posible sin el desarrollo del láser. Hoy en día entendemos cómo se mueven los electrones en escalas temporales muy pequeñas a través de láseres pulsados con duraciones del orden de 1 femtosegundo (0,000 000 000 000 001 s). También fuimos capaces de detectar variaciones en longitud 10 000 veces menor que el tamaño de un núcleo atómico en el experimento LIGO, confirmando la existencia de ondas gravitacionales, usando interferometría entre dos láseres.

Cuando oímos la palabra láser, nos viene inmediatamente a la cabeza un dispositivo capaz de generar un haz de luz muy intensa, de un solo color y que se propaga en línea recta. La palabra láser es un acrónimo del inglés: *light amplification by the stimulated emission of radiation*. En castellano, esto se traduce como «amplificación de la luz por la emisión estimulada de radiación». Es fácil entender lo que se quiere decir con «amplificación de la luz». Pero ¿qué es la emisión estimulada? Pues es el concepto clave que se encuentra detrás del funcionamiento de un láser. Y para entenderlo hace falta hablar un poco de mecánica cuántica y de cómo los átomos que componen los materiales interactúan con la luz.

Imaginemos un electrón en un átomo. Una de las maneras más sencillas de entender cómo se mueven los electrones alrededor de los núcleos atómicos es el modelo de Bohr. En este modelo, los electrones orbitan alrededor del núcleo en trayectorias circulares, muy semejante a la forma como los planetas lo hacen alrededor del Sol. Ahora bien, las leyes de la mecánica cuántica dictan que estas órbitas solo pueden tener unas formas y tamaños concretos. En el átomo más sencillo, el hidrógeno, la órbita más cercana al núcleo corresponde al estado fundamental, el estado de menor energía, y las demás órbitas se denominan de estados excitados.

Para excitar un átomo desde su estado fundamental, con energía E_1, al primer estado excitado, con energía E_2, tenemos que dar al sistema un cuanto de luz, un fotón, con una energía que es igual a la diferencia de energías entre los dos estados, E*fotón* = $E_2 - E_1$. El proceso en que un fotón es usado para excitar un átomo desde su estado fundamental a un estado excitado se denomina de absorción. Aunque esté totalmente aislado y en la ausencia de fotones, un átomo en un estado excitado es inestable. La naturaleza, en particular la interacción del átomo excitado con el vacío cuántico, fuerza el electrón a volver a su estado fundamental. Con ello, libera un fotón con energía que es igual a la diferencia de energía E*fotón*. A esto llamamos emisión espontánea.

Emisión estimulada

En 1916, Albert Einstein predijo teóricamente un tercer fenómeno al que se denominó emisión estimulada. Cuando tenemos un átomo excitado en presencia de un fotón que tiene la energía correcta, o sea, con energía que es igual a $E_2 - E_1$, este fotón ayuda el átomo excitado a liberar su exceso de energía, emitiendo un segundo fotón que en todo es similar al primer fotón. De alguna manera, el primer fotón fuerza el átomo excitado a decaer al estado fundamental creando un clon suyo.

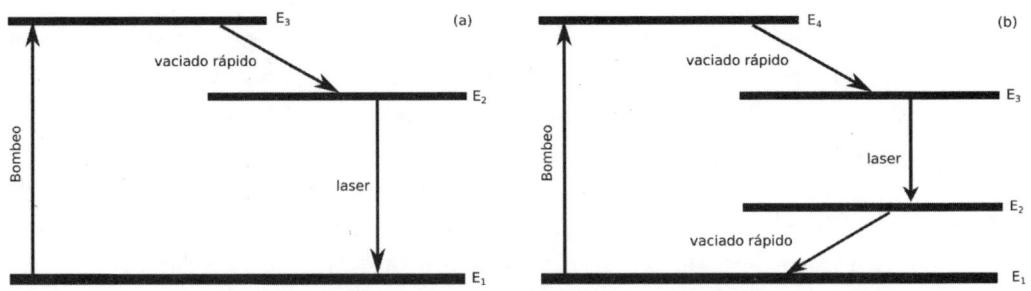

Los dos dibujos que vemos sobre estas líneas representan un esquema de un láser de tres niveles (a la izquierda) y de un láser de cuatro niveles (a la derecha).

En lenguaje más técnico, decimos que ambos fotones son coherentes. En un lenguaje más coloquial, ambos fotones reman para el mismo lado. La emisión estimulada es el reverso de la moneda de la absorción.

INVERSIÓN DE POBLACIÓN

¿Qué pasaría si en un material todos los átomos se encuentran en el estado excitado? Sin la presencia de fotones, el único proceso posible es la emisión espontánea. Ese átomo pasaría a su estado fundamental y liberaría un fotón. Este fotón podrá ahora interactuar con los demás átomos. Habiendo un único átomo en su estado fundamental y una multitud de átomos excitados, lo más probable es que este fotón termine interactuando con otro átomo excitado y por emisión estimulada, libere otro fotón. Ahora tendremos dos fotones que generaran cuatro fotones, y así consecutivamente. Al final, tendremos un proceso que se asemejará a una avalancha de fotones en el material. Y es así como se consigue un proceso de amplificación de la luz recurriendo a la emisión estimulada. En suma, para conseguir amplificación de la luz necesitamos tener más átomos excitados que en el estado fundamental, a esto se llama inversión de población.

Pero nos podemos hacer una pregunta. ¿Qué pasa cuando pasado algún tiempo hay el mismo número de átomos excitados y átomos en su estado fundamental? En ese momento, los fotones en el material inducirán tantas absorciones como emisiones estimuladas y llegaremos a un equilibrio donde la luz absorbida y la luz emitida se compensarían y no existiría amplificación de la luz. Para lograr una amplificación de la luz de manera prolongada en el tiempo tenemos que conseguir que el número de átomos con energía E_2 sea mayor que el número de átomos en el estado fundamental y que esto se prolongue en el tiempo. Por tanto, es crucial conseguir de manera continuada en el tiempo la llamada inversión de población. Tenemos que recurrir entonces a un mecanismo externo que vuelva a excitar nuestros átomos, una especie de bomba hidráulica que enviaría átomos desde su estado fundamental hacia sus estados excitados. Una solución sería usar una fuente de luz. Como hemos visto, si nuestro sistema tiene apenas dos niveles cuánticos, E_1 y E_2, tenemos un problema: los fotones en el material serían usados de igual manera para absorción como para emisión estimulada, no consiguiendo nunca inversión de población en el material.

La solución pasa por usar sistemas de 3 o 4 niveles. Empecemos así por el sistema de 3 niveles: una fuente de luz tradicional bombea átomos desde su estado fundamental al estado excitado con energía, E_3. Después, hay un rápido vaciado por procesos no-radiativos, o sea, que no liberan luz al nivel E_2. De esta manera es posible conseguir inversión de población entre los estados 1 y 2. La luz láser generada tendrá fotones con energía, $E_2 - E_1$. Sin embargo, en condiciones de equilibrio, nos encontramos que todos los átomos están en el nivel fundamental. Esto quiere decir que necesitamos, por lo menos, igualar las poblaciones entre el nivel 1 y 2 para conseguir inversión, lo que significa poblar el segundo nivel en por lo menos un 50 %. Esto hace con que láseres que funcionan con sistemas de 3 niveles no sean del todo los más eficientes. Para superar este problema podemos usar un sistema de 4 niveles. Bombeamos átomos desde el nivel fundamental hasta el cuarto nivel, E_4. De ahí, ellos decaen rápidamente al tercer nivel, E_3. Como inicialmente el segundo estado, E_2, no está poblado, se consigue inversión más fácilmente sin tener que poblar E_3 más que el 50 %. El sistema de 4 niveles es entonces

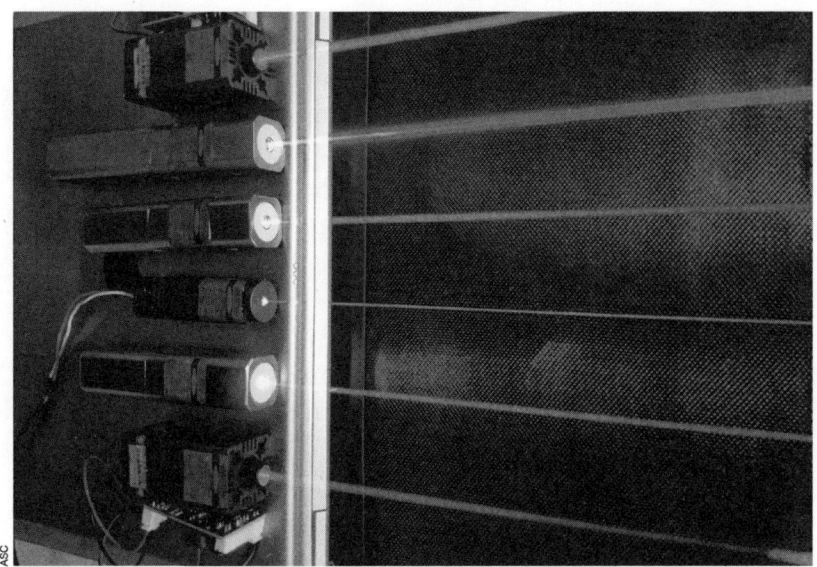

Láseres con diferentes medios activos que operan a diferentes longitudes de onda. En esta imagen podemos ver láseres que van del rojo al violeta.

mucho más eficiente que el sistema de 3 niveles para amplificar la luz. Para seguir con el proceso, una vez el átomo baje por emisión estimulada a E_2 rápidamente tiene que decaer al estado fundamental.

La semilla del láser fue entonces plantada por Albert Einstein en 1916. Sin embargo, como muchas de las contribuciones en física fundamental, fue necesario esperar unas décadas hasta que el primer láser fuera una realidad. En 1960, Theodore Maiman logró crear la primera fuente artificial de luz coherente, el láser era una realidad, usando rubí como medio activo.

La idea del láser dejó de ser una curiosidad teórica y pasó a ser una realidad que abrió de inmediato las puertas a muchas aplicaciones en ciencia y tecnología.

Por ejemplo, en 1961, un año después de la invención del láser, se observó por la primera vez efectos ópticos no-lineares, en particular, la generación del segundo armónico. En este proceso, en vez de usar un fotón con energía igual a $E_2 - E_1$, se usan dos fotones en que su suma es igual a la energía de transición, $Efotón_1 + Efotón_2 = E_2 - E_1$. Después, se emite un

27

fotón con una energía que es la suma de estos dos fotones. Este proceso es mucho menos probable que absorber un solo fotón, por eso requiere una intensidad de la luz muy alta. Con fuentes tradicionales de luz no conseguimos alcanzar esas intensidades, pero solo tardó un año después de la invención del láser hasta este descubrimiento. Esto ha sido el principio de un nuevo campo en la física: la óptica no-lineal, que sin el láser sería totalmente imposible.

Aparte de los innumerables avances en ciencia, el láser es hoy una presencia casi continua en nuestra experiencia cotidiana. En industria, los láseres son usados en la producción de microchips, en metalurgia, en el corte de metales, en el grabado de materiales, entre muchas otras aplicaciones. En nuestra vida cotidiana, en la lectura de CD, DVD y BluRay; en la transmisión de información en fibras ópticas; lectura de códigos de barras, entre otros. En medicina, los láseres son usados en el blanqueado de dientes, cirugías para el tratamiento de cataratas, sustitutos del bisturí tradicional, entre muchas otras aplicaciones de diagnóstico.

En 1960, Theodore Maiman logra crear el primer láser operativo —en la imagen—, tras varios años de búsqueda y desarrollo.

Sobre estas líneas, haz de luz láser en una mesa óptica.

Sería muy complicado imaginarse la vida moderna sin el láser. El láser ha supuesto una auténtica revolución en la ciencia moderna, pero sus implicaciones han ido mucho más lejos. Todo esto empieza como un descubrimiento en 1916 y sus raíces están firmemente conectadas a los principios de la teoría cuántica. Hoy en día, el láser nos permite manipular y controlar la materia que nos rodea a niveles que serían impensables a principios del siglo XX, que sonarían a auténtica ciencia ficción incluso para los padres de la teoría cuántica.

SUPERCONDUCTIVIDAD
Un mundo cuántico

MARÍA JOSÉ CALDERÓN
Instituto de Ciencia de Materiales de Madrid,
Consejo Superior de Investigaciones Científicas

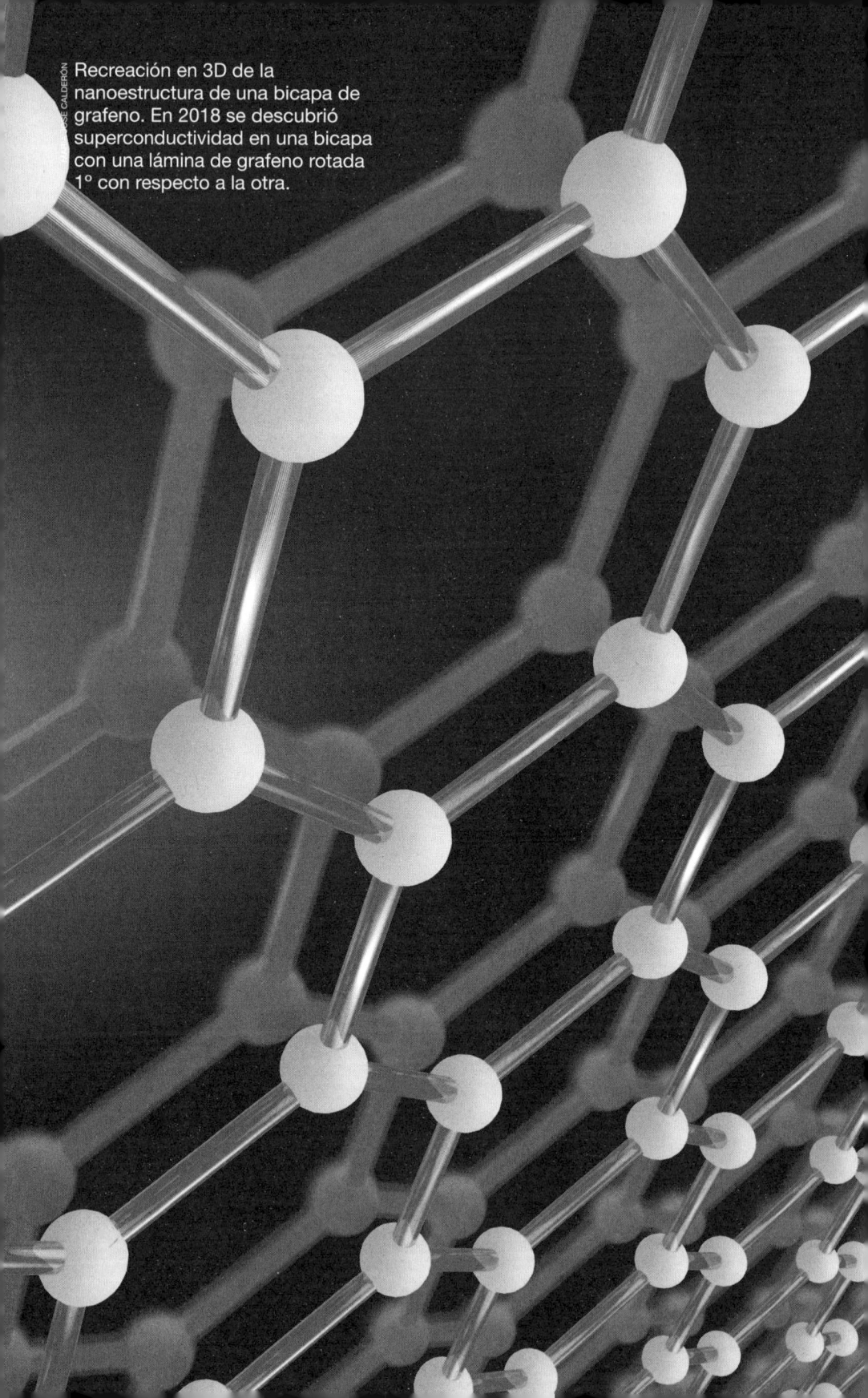

Recreación en 3D de la nanoestructura de una bicapa de grafeno. En 2018 se descubrió superconductividad en una bicapa con una lámina de grafeno rotada 1° con respecto a la otra.

Cuando Heike Kamerlingh Onnes (premio Nobel de física 1913) descubrió la superconductividad en 1911 al estudiar el transporte de corriente eléctrica en mercurio a bajas temperaturas, la mecánica cuántica estaba en sus albores y la relación entre ambas ni siquiera se vislumbraba. Tuvieron que pasar décadas hasta que esta relación se hiciera patente y se desarrollara la teoría que permitió entender, al menos en algunos casos, el mecanismo de la superconductividad. Sin embargo, los materiales superconductores son todavía un enigma sin resolver por completo.

SOLO A BAJAS TEMPERATURAS

¿Qué son? Son materiales que tienen dos propiedades: su resistencia al paso de la corriente eléctrica se anula (y no se pierde energía en forma de calor en el transporte de electricidad) y expulsan los campos magnéticos (son materiales diamagnéticos perfectos). Esta segunda característica distingue un superconductor de un conductor perfecto. La expulsión de los campos magnéticos (llamada efecto Meissner) da lugar a que un imán levite encima de un superconductor (o viceversa).

La superconductividad, siempre que estemos a presión ambiente, solo ocurre a bajas temperaturas (menores que las mínimas temperaturas que se alcanzan en la Tierra) y por debajo

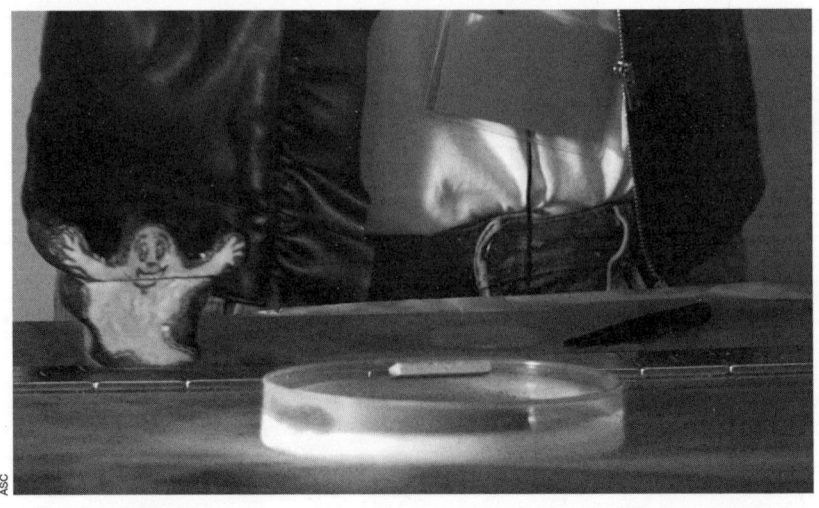

Sobre estas líneas, al fondo, vía de imanes sobre la que flota el fantasma Cooper con un superconductor en su interior. En primer plano, un imán flota encima de un superconductor. Los superconductores se han enfriado con nitrógeno líquido (a -196 °C) creando una nube alrededor debido a la condensación del agua en el aire.

de una determinada temperatura crítica T_c, característica de cada material. Por encima de su temperatura crítica superconductora, estos materiales conducen la electricidad pero presentan resistencia al paso de la corriente. Al bajar la temperatura, justo a T_c, hay un cambio de fase de un estado no superconductor a un estado superconductor. El primer superconductor descubierto, el mercurio, tiene una T_c de -269 °C, ¡cerca del cero absoluto (en -273,15 °C)! Para poder llegar a esta temperatura tan baja se necesitó licuar el helio, una hazaña en sí misma que, desde entonces, nos ha permitido estudiar la materia cuántica minimizando la contribución de las fluctuaciones térmicas. Poco después se descubrieron materiales con T_c algo mayores, pero, durante décadas, no se subió más allá de unos -250 °C. En 1986, el panorama cambió drásticamente con el descubrimiento de superconductividad en unos óxidos de cobre cerámicos (cupratos). En pocos años se consiguió una T_c de hasta unos -150 °C. Aunque esta temperatura todavía parece baja, está por encima de la temperatura de licuefacción del nitrógeno (-196 °C), mucho más fácil de obtener que el helio ya que es el principal componente del aire. A estos cupratos se les conoce como superconductores de alta temperatura. Desde 2015, se han sintetizado materiales con temperaturas críticas cercanas a la temperatura ambiente (compuestos de hidrógeno a altísimas presiones) cuyas propiedades están aún en discusión.

MECANISMO DE LA SUPERCONDUCTIVIDAD

¿Qué pasa en estos materiales para que su comportamiento cambie con la temperatura al pasar por la T_c? Para entenderlo pensemos en otra transición de fase: la de sólido a líquido. Para el agua lo tenemos claro: por debajo de 0 °C está en estado sólido, mientras que por encima (y hasta 100 °C) está en estado líquido. Sin embargo, en los superconductores el cambio no es tan visible porque afecta a los electrones que conducen la electricidad, no a la posición y movimiento relativo entre los átomos que conforman el material, como en el caso del paso de sólido a líquido.

Los electrones forman parte de los átomos que, a su vez, forman los materiales. En un metal que conduce la electricidad, los electrones más alejados del núcleo (los de valencia) pueden moverse por el material (dejando los átomos del material como iones de carga positiva). Si aplicamos una diferencia de potencial, un voltaje, como cuando ponemos una pila a un dispositivo o lo enchufamos a la red eléctrica, los electrones se mueven y encienden bombillas, mueven motores o activan los transistores de las videoconsolas. Los electrones son fermiones y tienen que cumplir el principio de exclusión de Pauli: dos fermiones no pueden estar en el mismo estado cuántico. En particular, un electrón no puede ocupar el mismo espacio que otro electrón ni puede tener la misma energía (a no ser que tengan espines contrarios). Esto es lo que hace que los electrones (con carga negativa) en un átomo estén en orbitales con diferentes formas espaciales y energías y que no se amontonen todos alrededor del núcleo (con carga positiva).

Por esta misma razón, los electrones que se mueven en un metal se ven afectados cuando chocan con otros electrones y

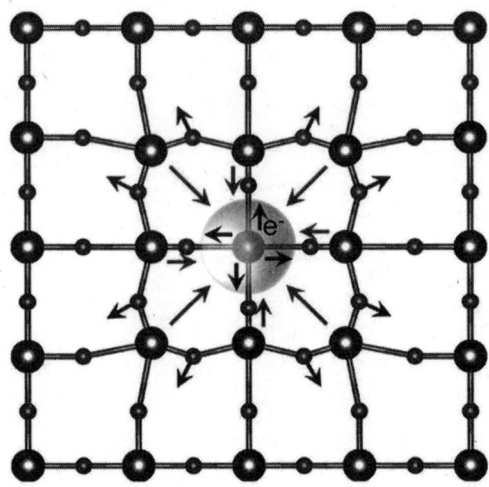

En la ilustración podemos ver una representación de la interacción electrón-fonón. El electrón (con carga negativa) atrae a los iones (con carga positiva) deformando la red de los átomos en un material. El movimiento del electrón deja una estela de deformación, porque los átomos se mueven más despacio, que atrae al otro electrón del par de Cooper.

los iones del material y van perdiendo energía en el proceso. Esta pérdida de energía hace que los aparatos eléctricos se calienten y que el transporte de electricidad desde donde se produce hasta donde se consume sea un proceso muy ineficiente. En esta situación, nos podemos imaginar a los electrones como pelotas que van chocando entre ellas y con obstáculos en su camino disminuyendo así su velocidad, por lo que hay que darles energía constantemente para que recorran todo su camino (¡así se nos gastan las pilas!).

Cuando un material superconductor baja su temperatura por debajo de su T_c, los electrones se comportan de forma diferente. La repulsión a la que estaban sometidos se torna en una atracción entre pares: los electrones forman los llamados pares de Cooper. Estos pares ya no se comportan como fermiones, sino como bosones. Los bosones no cumplen el principio de exclusión de Pauli y pueden estar todos en el mismo estado cuántico.

Para tener una imagen mental de lo que ocurre, pensemos en los electrones como ondas (ya que son objetos cuánticos).

Los pares de Cooper son ondas en las que ya no podemos distinguir los dos electrones que los forman por separado. Todos los pares tienen la misma energía (al ser bosones, nada lo impide) y todos ellos se podrán unir para formar una única onda macroscópica (es decir, que involucre a todos los electrones de conducción del material): se produce una condensación de los pares de Cooper similar al condensado de Bose-Einstein. Esta onda macroscópica fluye por el material, no se altera por la presencia de iones ni defectos y conduce la electricidad sin pérdida de energía. La superconductividad es, por tanto, consecuencia del comportamiento colectivo de los electrones dentro de un medio con el que interacciona. Es un ejemplo de lo que se denomina fenómeno emergente, que no se puede entender de forma trivial como la suma del comportamiento de electrones independientes.

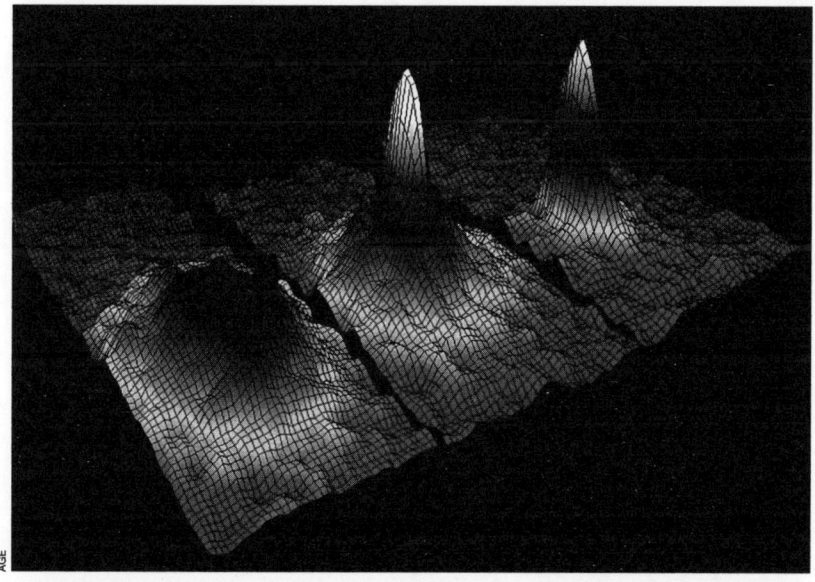

En un condensado de Bose-Einstein, las partículas se acumulan en el mismo estado cuántico. Al bajar la temperatura (de izquierda a derecha) de un gas de átomos fríos, la distribución de estados cuánticos se va haciendo cada vez más estrecha. Estos fenómenos ocurren a temperaturas de casi en el 0 absoluto. La superconductividad y la superfluidez son fenómenos relacionados con la condensación de Bose-Einstein.

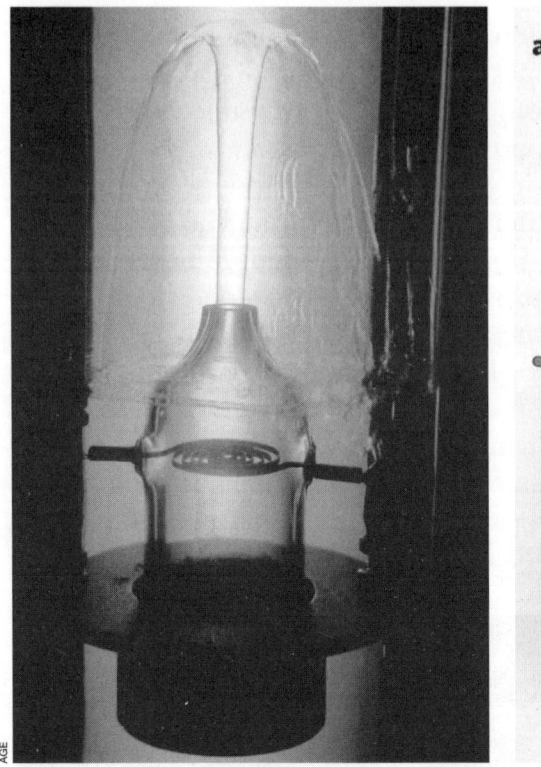
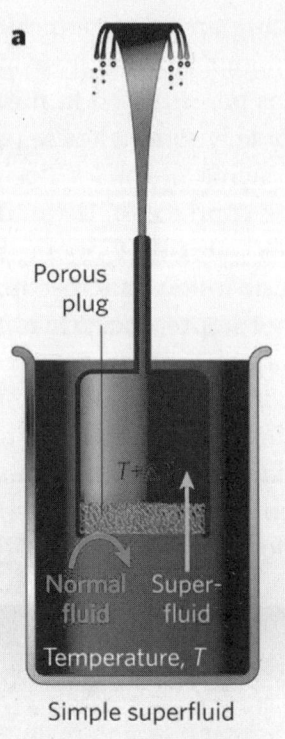

a

Porous
plug

$T + \Delta T$

Normal
fluid

Super-
fluid

Temperature, T

Simple superfluid

La ausencia de viscosidad en los superfluidos da lugar al efecto fuente, como vemos en la imagen de la izquierda. Al aplicar calor a un superfluido, parte de él se transforma en un fluido normal.
El tapón poroso es atravesado por el superfluido pero no por el fluido normal. De esta forma, el calor aplicado se transforma en movimiento mecánico, como se ilustra en el dibujo de la derecha.

Pero ¿qué es lo que hace que los electrones se atraigan en pares? ¿Cuál es el pegamento que los une y supera a la repulsión coulombiana? En otras palabras, ¿cuál es el mecanismo de la superconductividad? John Bardeen, Robert Schrieffer y Leon Cooper propusieron su teoría BCS in 1957 (premio Nobel de Física 1972). Por un lado, se dieron cuenta de que los electrones en un metal (que forman lo que se denomina un gas de Fermi) podían dar lugar a parejas siempre que hubiera una interacción atractiva, por muy pequeña que fuera. Por otro lado, observaron que los iones positivos del material podían mediar una interacción atractiva entre los electrones. La idea intuitiva es que los iones positivos se sienten atraídos por un electrón que se mueve por el metal, creando un camino con exceso de carga positiva que, a su vez, atraerá a otro electrón. De esta forma, los dos electrones sincronizan sus movimientos. Este proceso de atracción efectiva entre electrones mediada por el movimiento de los iones (interacción electrón-fonón) puede ocurrir porque los iones se mueven mucho más despacio que los electrones.

En otros contextos, la condensación de bosones se manifiesta en el fenómeno de la superfluidez, muy relacionado con la superconductividad. Un superfluido, como el helio-4 líquido, no tiene viscosidad, por lo que fluye sin resistencia. Los átomos del helio-4 (el isótopo de He más común) son bosones y condensan por debajo de -270,97°C. Los átomos de helio-3 son fermiones, como los electrones, por lo que también tienen que formar pares antes de condensar. Su temperatura de condensación es de 0.0025 K. El descubrimiento de superfluidez en el helio-3 fue galardonado con el Premio Nobel de física en 1996.

SUPERCONDUCTORES DE HIERRO Y DE MULTICAPAS DE GRAFENO

La teoría BCS y sus consecuencias encajan con las evidencias experimentales de muchos superconductores, en particular, con aquellos que se descubrieron a principios del siglo XX (mercurio, aluminio, aleaciones de niobio…). El descubrimiento de los superconductores de alta temperatura en 1986 (Bednorz y Muller, Premio Nobel de Física 1987) revolucionó el campo: las interacciones entre los electrones y los iones del material no cumplían las condiciones para que la teoría BCS se pudiera aplicar (por eso los llamamos superconductores no convencionales), pero aun así se formaban pares de Cooper y se conseguía una superconductividad que sobrevivía hasta temperaturas mucho más altas que los superconductores conocidos hasta la fecha. Aún no hay acuerdo unánime en la comunidad científica sobre el mecanismo de la superconductividad de estos materiales, en los que las interacciones entre los electrones son especialmente fuertes, aunque hay indicaciones de que podría

ISTOCK

En la imagen de arriba, hojas de grafito. Desde 2018, se han descubierto superconductores —como las familias de superconductores de hierro en 2008 y la de multicapas de grafeno en 2018— que se parecen a los cupratos en algunos aspectos y son también aún enigmas sin resolver.

ser consecuencia de las interacciones magnéticas. Otros superconductores que se han descubierto más recientemente (en particular, las familias de superconductores de hierro en 2008 y la de multicapas de grafeno en 2018) se parecen a los cupratos en algunos aspectos y son también aún enigmas sin resolver.

Estudiar las preguntas que aún plantean los superconductores nos permitirá entender mejor las complejas interacciones que aparecen en la materia condensada y nos podría indicar el camino para encontrar superconductores con temperaturas críticas más altas y más versátiles y baratos para diseñar aplicaciones.

La misteriosa
Catástrofe ultravioleta
El fin de la física tal y como se conocía en el siglo XIX

Sergio Parra
Escritor y divulgador de ciencia.
Autor del libro *Historia de la incertidumbre*

En 1894, el físico estadounidense Albert A. Michelson declaró que en el campo de la física «parece probable que la mayoría de los principios subyacentes se han establecido firmemente», así como que las verdades futuras en este ámbito deberían buscarse en el sexto dígito a la derecha de la coma decimal. Y es que, para algunos físicos decimonónicos, ya se había logrado conocer todo lo fundamental y únicamente quedaba realizar mediciones cada vez más precisas.

Habida cuenta de que todo parecía explicarse con dos grupos de leyes muy simples (las tres del movimiento de Newton y las cuatro de Maxwell que describen los fenómenos electromagnéticos), cuando el joven Max Planck le trasladó sus dudas acerca de su futura orientación académica al profesor de física Philipp von Jolly, este le advirtió en términos similares a los de Michelson: «A no ser que quisiera acabar desempeñando un trabajo como investigador tan monótono como el de un operario de una cadena de montaje, debía alejarse de la física». Allí ya no quedaba ningún misterio por esclarecer.

No obstante, ninguna de aquellas advertencias desalentaron a Planck, que no estaba tan interesado en realizar nuevos descubrimientos como en comprender los fundamentos de la física. Por esa razón, no las tuvo consigo años más tarde cuando, ya convertido en físico, le asaltó una idea profundamente revolucionaria. Era octubre de 1900 cuando Planck regresó de su paseo por los bosques de coníferas de Grunewald, en las inmediaciones de Berlín, con un nudo en la garganta. Nada más tomar asiento en su mesa, escribió: «He realizado un descubrimiento tan importante como el de la gravitación de Newton».

A pesar de la inmodestia, el físico alemán Max Karl Ernst Ludwig Planck no podía ser más preciso en su diagnóstico, porque había conseguido desvelar el misterio que se ocultaba tras la ya llamada «catástrofe ultravioleta» y, por extensión, estaba a punto de poner patas arriba toda la física clásica.

Lo que podemos ver y lo que no

Para comprender la trascendencia del hallazgo de Planck, debemos profundizar en el comportamiento de las radiaciones electromagnéticas, que son una combinación de campos eléctricos y magnéticos oscilantes que se propagan a través del espacio transportando energía de un lugar a otro. La energía que transportan las ondas electromagnéticas está directamente relacionada con la frecuencia a la que oscilan los campos eléctrico y magnético que las forman al propagarse.

Así, hemos de imaginar las ondas electromagnéticas como crestas y valles, pues cada onda se crea a costa de la otra, sucesivamente, como las ondas que se originan en un estanque cuando lanzamos una piedra. La longitud de onda, entonces, sería la distancia entre dos crestas seguidas.

De este modo, el llamado espectro visible o luz visible es la región del espectro electromagnético que nuestros ojos son capaces de registrar. En función de las propiedades de las ondas de luz (o más específicamente de sus longitudes de onda), podemos identificar los distintos colores. Pero las radiaciones electromagnéticas tienen distintas frecuencias que no somos capaces de ver con el ojo desnudo, que se encuentran fuera del espectro visible, pero que también son luz: como la infrarroja, la ultravioleta, los rayos X o los rayos gamma.

Una mayor longitud de onda (es decir, con mayor distancia entre crestas) da lugar a la luz roja. Si se aumenta la longitud

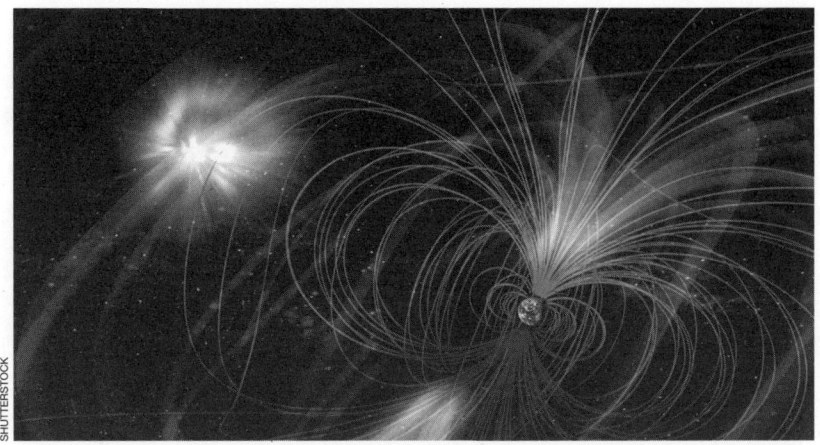

Campos electromagnéticos alrededor de la Tierra y el Sol.

de onda, entonces, la luz es amarilla, luego, verde y así sucesivamente hasta llegar al azul y el violeta. Por esa razón, la que está por debajo del rojo y se encuentra fuera de nuestro rango de visión se llama infrarroja y la que está por encima del violeta, ultravioleta.

Es decir, que el color es una propiedad de la materia que se percibe por la luz: vemos estos objetos de colores en función de la longitud de onda que reflejan. Si la superficie de un objeto no absorbe radiación del espectro visible y refleja toda la luz, veremos el objeto de color blanco o incluso trasparente. Por el contrario, si el objeto absorbe todas las longitudes de onda y no refleja ninguna, veremos el objeto de color negro.

El cuerpo negro ideal

No solo podemos ver los objetos porque reflejan y absorben ondas electromagnéticas. La temperatura también es importante porque toda la materia emite radiación electromagnética cuando tiene una temperatura por encima del cero absoluto.

A finales del siglo xix, el físico alemán Wilhelm Wien había realizado experimentos que establecían relaciones matemáticas entre la temperatura de un objeto, la cantidad de energía que este irradia y la longitud de onda de la radiación. Esta

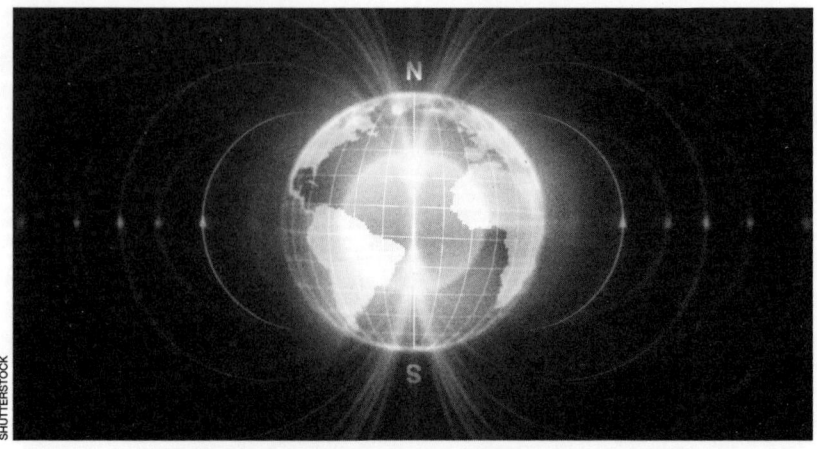

Ilustración de los campos magnéticos de la Tierra.

idea resultó familiar para todos, porque ciertamente cuando calentamos un objeto, este emite infrarrojos (luz invisible que podemos percibir a través de su calor). La luz de una bombilla, de manera simplificada, no es más que un filamento calentado hasta que emite radiación visible.

Por consiguiente, la forma y frecuencia máxima del espectro electromagnético varía en función de la temperatura de un cuerpo. A temperaturas más altas, el cuerpo emite radiación de frecuencia predominantemente más alta, y viceversa. Esta relación era extraordinariamente útil, porque permitía calcular la temperatura de un objeto observando sencillamente la radiación que emitía. Sin embargo, había un problema. A la hora de medir temperaturas bajas, la ecuación parecía funcionar, pero en cuerpos con altas temperaturas, ciertamente no lo hacía.

Porque, según la teoría, un cuerpo lo suficientemente caliente debería estar irradiando energía infinita. Este resultado, que a todas luces se debía a un error fundamental de la física, era la llamada «catástrofe ultravioleta».

Esta relación entre la radiación y la temperatura que finalmente desembocaba en la catástrofe ultravioleta fue recogida por la ley de Rayleigh-Jeans. El modelo que usaron los físicos británicos Lord Rayleigh y James Jeans para formalizar su ley era una esfera negra con un pequeño agujero en un extremo. Este cuerpo negro era una idealización, ya que los cuerpos perfectamente negros no existen en la naturaleza. Así pues, un cuerpo negro perfecto debería absorber toda la radiación electromagnética y solo emitiría radiación en función de su temperatura. Según su hipótesis, si la esfera se calentara, el metal brillaría a medida que aumentara su temperatura y emitiría luz en forma de radiación electromagnética. Al ser una esfera hueca, parte de la luz también se emitirá en su interior. Las paredes, al ser también negras, absorberían la luz. A medida que las paredes internas fueran absorbiendo más energía, también comenzarían a emitir más luz. Una luz que, a su vez, sería absorbida por las mismas paredes. Y así sucesivamente, hasta formar una especie de circuito cerrado. Según la física clásica, la cantidad de energía en el interior de este cuerpo negro tendería al infinito. De igual modo, si se practicara un pequeño agujero en esta esfera, la energía liberada debería ser inconmensurable.

Sin embargo, esto no es lo que sucede. En realidad, la energía alcanzaría un pico y, finalmente, descendería hasta llegar a cero. Algo que ocurre cuando se alcanza el rango ultravioleta del espectro de radiación electromagnética.

Solución: la luz es discreta

El 7 de octubre de 1900, Planck, ya profesor de Física de la Universidad de Berlín, se concentró en trabajar en nuevos cálculos a fin de obtener otra explicación teórica para los fenómenos de

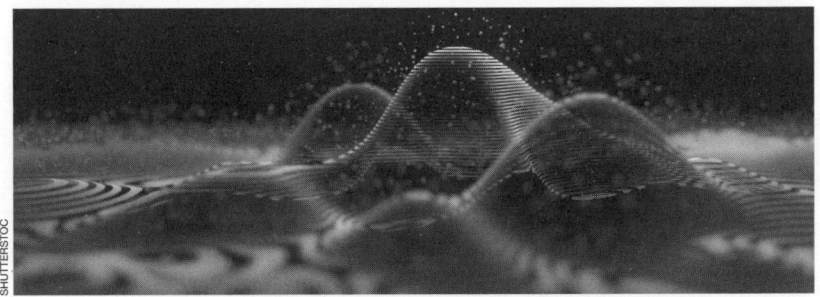

Ilustración 3D de una interferencia
y ondas en una microestructura raster digital.

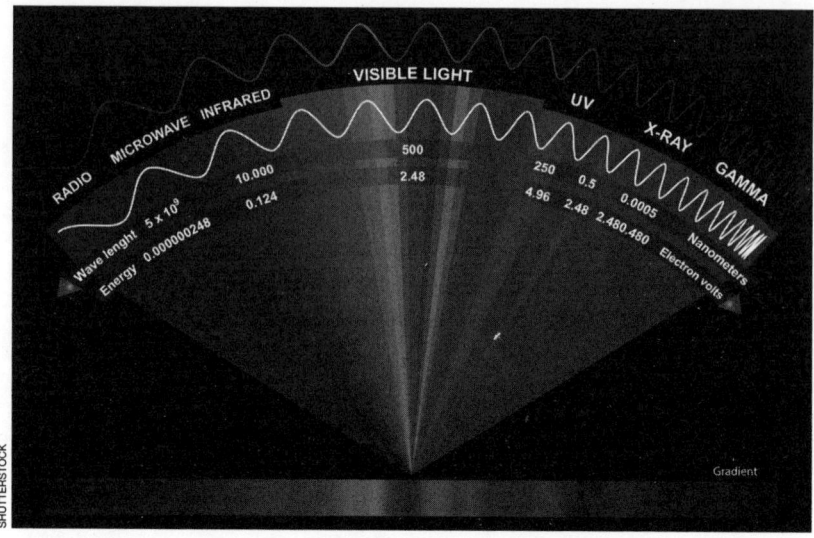

Espectro electromagnético de alta energía.

radiación, aplicando para ello una suerte de ingeniería inversa. Fruto de aquel trabajo, el 19 de octubre presentó sus sorprendentes resultados, que conciliaban la ley de Rayleigh-Jeans, que funciona a grandes longitudes de onda (bajas frecuencias), y la ley de Wien, que opera en pequeñas longitudes de onda (altas frecuencias).

De acuerdo con la física newtoniana, la emisión de energía (la luz, el calor y otras formas de radiación) era continua. Pero Planck estaba postulando algo radicalmente distinto: que la energía se emitía en series de paquetes separados, a los que bautizó como «quanta». De esta forma, la radiación de una frecuencia determinada no puede intercambiar con la materia cualquier valor de energía, únicamente puede hacerlo en múltiplos enteros de un determinado valor: los cuantos. Lo que aplicado a la hipótesis del cuerpo negro, se resolvía así: su radiación no depende de la cantidad de energía que emita, sino de la cantidad energía que tienen esos cuantos de radiación, que está relacionada con su frecuencia. En vez de lanzar ondas luminosas, el cuerpo negro debía escupir paquetes de energía o partículas de luz, a las que posteriormente se les denominó fotones.

La ley de la radiación electromagnética emitida por un cuerpo a una temperatura dada, denominada ley de Planck, se convirtió así en el fundamento de una nueva física cuantizada, la mecánica cuántica.

LLEGA LA REVOLUCIÓN

Cuando hubo abundante información para sustentar de forma suficiente aquella audaz propuesta, Planck fue distinguido con el premio Nobel en 1918. Pero, curiosamente, él mismo estaba sorprendido por las repercusiones de su descubrimiento, porque tan solo eran resultado de lo que él consideraba una especie de truco matemático («un acierto fortuito», según sus propias palabras) a fin de lograr que las ecuaciones tuvieran un resultado lógico.

Fue Albert Einstein quien consideró que aquel hallazgo era mucho más importante de lo que suponía Planck, no solo asumiendo que los cuantos de energía de Planck eran reales, sino que podían aplicarse a la misma luz. De alguna manera, Planck había descubierto que las radiaciones electromagnéticas se comportan como la materia: de igual modo que el hierro está constituido por átomos de hierro, la luz debía de estar constituida de «átomos de luz». Fue así como Einstein, en

Réplicas modernas de diferentes tipos de bombillas de luz incandescente.

49

1905, publicaría su trascendental artículo acerca de la explicación de que determinados haces de luz ultravioleta, al incidir en una superficie metálica, le arrancaban electrones. Un fenómeno que se conoció como efecto fotoeléctrico.

Era la primera vez que alguien cuestionaba que la luz fuera una onda. Incluso el propio Planck se sentía desconcertado y hasta arrepentido por los cambios en la física que él mismo había desencadenado, como explica Philip Ball en *Cuántica*: «Muchos de los colegas de Einstein, incluido Planck, creyeron que se había tomado de forma demasiado literal lo que Planck pretendía que fuese una mera conveniencia matemática».

Sin duda, cuando al profesor de física Philipp von Jolly se le acercó un mozalbete de apenas diecinueve años llamado Max Planck para consultarle si debía dedicarse a la física, jamás habría sospechado que este acabaría siendo el protagonista de aquella revolución que reinventó la física desde sus mismos cimientos.

EL ÁTOMO CUÁNTICO

EUGENIO MANUEL FERNÁNDEZ AGUILAR
Físico y divulgador científico

La visión del átomo ha ido variando durante la historia, pero con la física cuántica sufrió una revolución.

E l estudio del átomo está ineludiblemente ligado al nacimiento de la teoría cuántica de la materia. Dalton imaginó unos átomos indivisibles, como pequeñas bolitas independientes. Thomson dio un paso más, dotando al átomo de divisibilidad con el descubrimiento del electrón. Perrin le dio una vuelta de tuerca al modelo de pastel de pasas de Thomson y Rutherford dio en la tecla del descubrimiento del núcleo. A partir de aquí, el panorama estaba listo para emplear los términos usados en la recién nacida cuántica para el estudio del átomo.

Rutherford imaginó un átomo en el que los protones y neutrones ocupaban una porción muy reducida llamada núcleo. Muy lejos de este núcleo se encontraban los electrones. Una visión simplificada que resolvía bastantes problemas, pero dejaba nuevas incógnitas. La más significativa: ¿cómo es que los electrones, de carga negativa, no colapsan y acaban cayendo al núcleo, de carga positiva? Aquí aparece la mente innovadora de Neils Bohr para constituir el primer modelo atómico que incluía conceptos cuánticos. En realidad, el modelo de Bohr, de 1913, fue un modelo de transición entre los modelos clásicos y los modelos cuánticos, andaba a caballo con visiones compartidas de ambos campos.

Los antecedentes

Bohr fue coetáneo al nacimiento mismo de la mecánica cuántica. En 1900, Max Planck dio en el clavo para resolver el famoso problema de la radiación electromagnética del cuerpo negro. Las cuentas no salían, pero llegó Planck y utilizó un subterfugio matemático: sustituyó las integrales por sumatorios. En términos mundanos, esto es que la energía emitida y absorbida no podía darse de cualquier forma, de manera continua, es decir, no puede tomar cualquier valor. Descubrió con su original idea que la energía viene dada en diminutos «paquetes». La energía es como las monedas. Tiene valor una moneda o dos monedas, pero no una moneda y media. A estos paquetes o cuantos se les llamaría más adelante fotones. La hipótesis fue dada a conocer por el propio Planck en una sesión de la Sociedad Física de la Academia de Ciencias de Berlín. Fue una simple hipótesis hasta que Einstein la retomó en un artículo, publicado en 1905, sobre el efecto fotoeléctrico. La idea de base era la misma, pues Einstein usó esos cuantos de luz para explicar dicho efecto. Tan acertado fue el enfoque que recibió el Premio Nobel de Física por ello en 1921.

Así que Neils Bohr estaba siendo testigo del uso del concepto de energía cuantizada en el seno del discurso científico. Usó dicho concepto en el fenómeno de los espectros. Y con ello nos dio una nueva forma de ver el átomo. Antes de ver cuál fue su idea revolucionaria, acerquémonos al maravilloso mundo de los espectros.

Los espectros atómicos

Fue Newton el primero en emplear el término «espectro» en el plano científico. El famoso experimento del prisma de Newton sirvió para dividir la luz blanca en los distintos colores de los que está compuesta. La imagen formada sobre una pantalla de este abanico de colores recibe el nombre de espectro y tiene el aspecto de un arcoíris. Una visión más ampliada sería el espectro electromagnético en el que se representa el conjunto

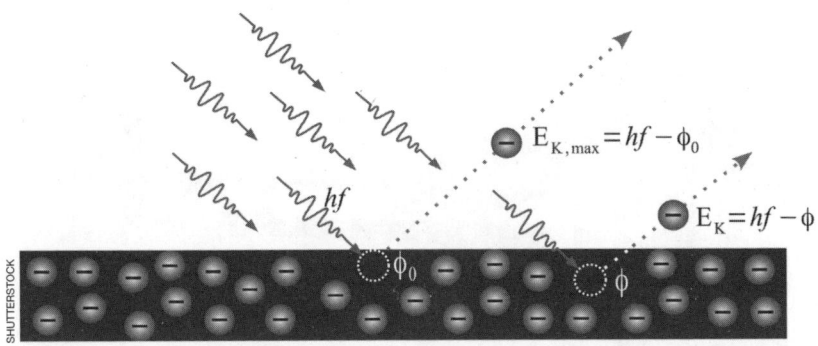

Efecto fotoeléctrico (expulsión de electrones de la superficie de un metal).

de ondas electromagnéticas ordenadas por energías, desde las ondas de radio hasta los rayos gamma. La luz visible estaría incluida en este espectro. Se trata de un espectro continuo, en el que se va pasando de un tipo de onda a otra de manera paulatina, sin saltos, ordenadas por longitudes de ondas.

En los siglos posteriores se mejoraron las técnicas para obtener espectros. William Hyde Wollaston construyó un espectrómetro que enfocaba la luz del sol de tal forma que no se conseguía un espectro uniforme, sino que había saltos con bandas oscuras. Sería Joseph von Franunhofer el que descubriría en 1915 que, efectivamente, el espectro de la luz solar estaba dividido por una serie de líneas oscuras.

Por otra parte, la luz generada en el laboratorio mediante el calentamiento de gases, metales y sales mostraba una imagen diferente: líneas muy estrechas y coloreadas sobre un fondo oscuro. Pronto se descubrió que la longitud de onda de cada una de esas bandas caracterizaba unívocamente a cada elemento. Este hallazgo sería una toda una revolución, pues sería el inicio de la espectrografía como disciplina científica.

Pero el golpe de gracia lo dieron el físico Gustav Kirchhoff y el químico Robert Bunsen, pues se percataron de que algunas líneas brillantes de los espectros conocidos coincidían con las líneas oscuras del espectro solar. Estas líneas oscuras correspondían a la absorción de ciertos elementos en la atmósfera solar. Esto demostró que los elementos existentes en los astros son los mismos que los que tenemos en la Tierra.

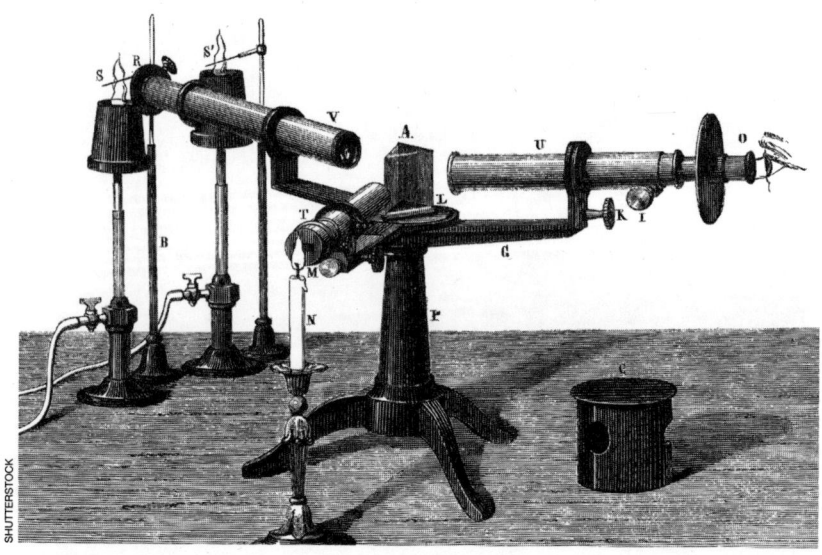

Grabado antiguo de un espectrómetro, publicado en la revista *Pintoresco Magasin*, en 1874.

A pesar de todo el avance de la espectrografía durante el siglo XIX, no se conocía con certeza el origen de los espectros de los distintos elementos. Por fin, en el siglo XX se daría con la respuesta.

EL ÁTOMO DE HIDRÓGENO

En 1885, el matemático y físico suizo Johann Jakob Balmer dio con una fórmula fundamental para el desarrollo posterior de la visión del átomo. Tomó las observaciones efectuadas por el físico y astrónomo sueco Anders Jonas Ångström sobre las líneas espectroscópicas del átomo de hidrógeno. De hecho, este fue quien descubrió que el Sol contiene hidrógeno. La fórmula de Balmer sirve para encontrar las longitudes de onda de las distintas líneas de emisión del átomo de hidrógeno. Y lo hace de forma satisfactoria, pero no explica por qué lo hace. Es, por tanto, una fórmula fenomenológica.

La fórmula de Balmer funcionaba tan bien que el mundo científico siguió indagando sobre su uso y extensión a otros elementos. La fórmula solo servía para el átomo de hidrógeno, pero era cuestión de tiempo y pericia poder generalizarla. Y fue lo que hizo el físico sueco Johannes Rydberg, tan solo tres años después de que Balmer comunicara el subterfugio matemático de su fórmula. El 5 de noviembre de 1888 se presentaba la fórmula de Rydberg que describe las longitudes de onda de una buena cantidad de átomos. Pero, al igual que la fórmula de Balmer, solo guardaba las apariencias, era una fórmula que explicaba cómo se distribuían las distintas series espectrales, sin dar una explicación científica de su razón de ser.

Sería Bohr el que acertaría en el centro de la diana, relacionando el concepto de cuanto con los espectros. Y de paso resolvió el problema central del átomo de Rutherford: aquel que nos animaba a pensar que los electrones debían colapsar con el núcleo. Bohr estableció una hipótesis terriblemente simple con resultados sorprendentes: los electrones absorben o emiten energía solo en cantidades muy concretas. Son los ya mencionados cuantos. Y además estas energías los hacen

Retrato de Gustav Robert Kirchhoff (izquierda)
y Robert Wilhem Bunsen (derecha).

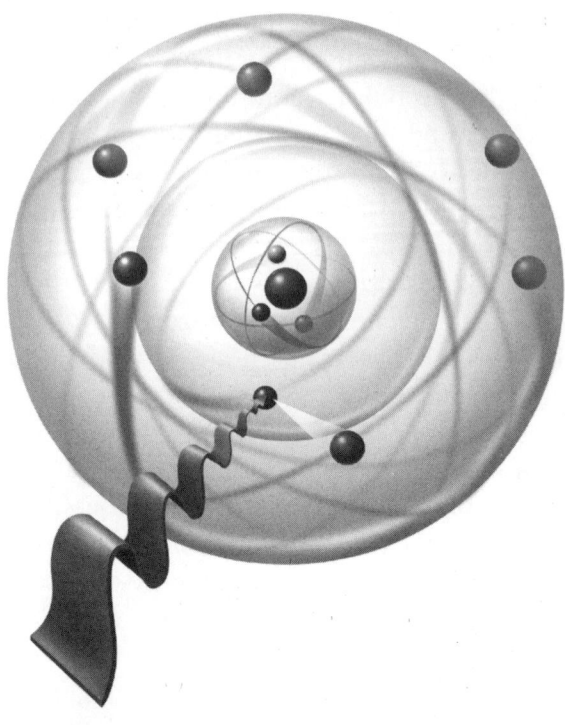

GETTY

Diagrama de las órbitas circulares de Bohr. Según Bohr, los electrones gravitan en órbitas circulares, cada una de las cuales corresponde a un nivel de energía diferente. Para que un electrón salte de una órbita a otra, debe recibir o emitir una cierta cantidad de energía.

estar en órbitas determinadas de las que solo pueden moverse si hay un intercambio energético dado por estos cuantos de energía. Un electrón puede estar excitado y ocupar una órbita diferente a la fundamental, cuando pierde la energía y vuelve a su órbita, dicha energía se devuelve en forma de cuanto. En este intercambio se emite o absorbe luz en forma de cuantos de luz (fotones), como en un intercambio de monedas. Esta energía concreta es la que puede verse en los espectros de emisión, con líneas claras en torno a longitudes de onda muy determinadas. Teniendo esto en cuenta se deducen matemáticamente las fórmulas de Balmer y Rydberg, dando así soporte conceptual a estos acercamientos fenomenológicos.

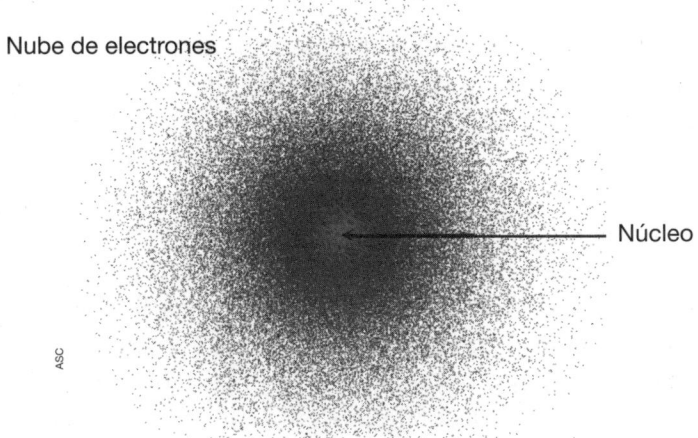

Nube de electrones

Núcleo

ASC

El modelo atómico cuántico actual

El modelo de Bohr, sin embargo, mantiene algunos conceptos alejados de la mecánica cuántica. Imaginó un átomo en el que los electrones dan vueltas circulares alrededor del núcleo. Su contribución fue decir estas órbitas tienen unas energías determinadas y que no pueden darse situaciones intermedias, son órbitas discretas, es decir, discontinuas. Pero seguían siendo órbitas, una palabra que se desterraría en el desarrollo del modelo atómico cuántico posterior.

Un paso más hacia la transición del modelo atómico actual fue el modelo de Sommerfeld, de 1916. El físico alemán Arnold Sommerfeld generalizó el modelo de Bohr desde un punto de vista relativista, es decir, no incluyó novedades sustanciosas desde la mecánica cuántica.

El modelo de Bohr mostraba carencias para átomos que no fueran de hidrógeno, Sommerfeld encontró que en un mismo nivel energético podían darse varios subniveles. Las modificaciones de Sommerfeld fueron: introducción de órbitas elípticas y electrones con velocidades relativistas. Además, dedujo que el núcleo atómico no es inmóvil, sino que tanto este como los electrones permanecen en continuo movimiento.

Tanto el modelo de Bohr como el de Sommerfeld explicaban los espectros atómicos en base a los denominados números cuánticos, unas cantidades introducidas para poder dar sustento a la realidad. Pero nada decían sobre el origen de estos números. Sería el físico austríaco Erwin Schrödinger el que daría el paso hacia un modelo cuántico completo, dotando al electrón del derecho a comportarse como una onda. Un electrón concebido como onda de materia llevaría asociada lo que se denomina función de onda, es decir, una función matemática que describe su comportamiento dentro del núcleo. Con este planteamiento apoyado por la dualidad onda-corpúsculo del físico francés Louis-Victor de Broglie, la imagen del átomo cambia sustancialmente. Ya no hablaríamos de órbitas, sino de orbitales, es decir, zonas del espacio donde hay una alta probabilidad de encontrar al electrón. Las soluciones de la integración de la ecuación de Schrödinger nos daría los distintos números cuánticos. Dicho de otro modo, se explican las líneas espectrales con sustento físico-teórico, no fenomenológico.

El modelo cuántico de Schrödinger explica satisfactoriamente la estructura de los átomos, pero tiene algunas limitaciones más profundas que quedarían fuera del objetivo de este artículo.

Naturaleza bipolar

Sarah Romero
Periodista especializada en ciencia

En el mundo de la mecánica cuántica podemos encontrar muchas paradojas interesantes. Hoy, nos centraremos en una de las que hace que a uno le hierva un poco el cerebro al reflexionar sobre ello (en el buen sentido): la dualidad onda-corpúsculo.

¿Qué es la luz? La pregunta ha fascinado a los científicos (y pintores, poetas, escritores y cualquiera que haya jugado con un prisma) desde la antigüedad clásica. Leucipo, Euclides, Huygens, Newton... Muchos investigadores y eruditos han dedicado horas incontables a lo largo de los siglos para dar respuesta a esta pregunta. Y es que la óptica es conocida como la disciplina más antigua de la historia junto con la mecánica.

¿La luz es una onda o una partícula?

Según la mecánica cuántica clásica (o la física clásica para la época), una onda se extiende en una región vasta de espacio y tiempo con una velocidad definida y una masa nula; la partícula, según esta misma visión clásica de la física, ocupa un lugar en el espacio y, además, tiene masa; esto es, es una concentración de energía y otras propiedades en el espacio y tiempo.

La naturaleza de la luz fue objeto de un largo debate científico, que se extendió durante siglos (de hecho, a principios del

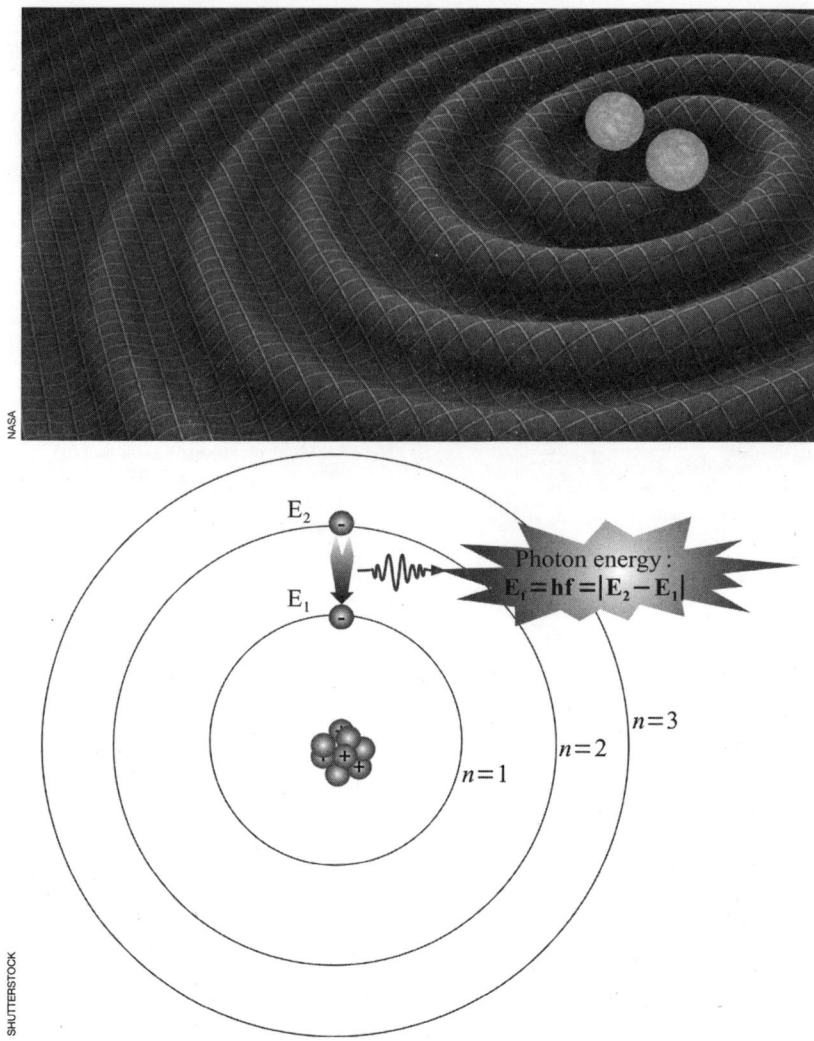

Energía fotónica emitida en el modelo de Bohr del átomo.

siglo XIX se sugirieron y realizaron experimentos para demostrar que la luz no era sino un movimiento ondulatorio).

Planck da la clave a Einstein

En 1900, el físico alemán Max Planck trataba de entender la luz así como otras radiaciones electromagnéticas y expuso que cualquier sistema atómico que irradia energía se puede dividir teóricamente en una serie de «elementos de energía» discretos ε, de modo que cada uno de estos elementos de energía es proporcional a la frecuencia ν con la que cada uno de ellos individualmente irradian energía, como se define por la siguiente fórmula: ε = h ν (donde h es un valor numérico llamado constante de Planck). Esta nueva constante de la naturaleza (con la dimensión de la energía multiplicada por el tiempo) conecta el cuanto de energía con la frecuencia de la luz, a través de la fórmula. Nace la hipótesis cuántica de Planck de que, por tanto, la luz en sí misma está hecha de partículas cuánticas individuales.

Aunque el propio Planck no creía ni en los átomos ni en los fragmentos discretos de luz (se resistía a la idea de que la luz en el vacío se propagaba como una partícula, posteriormente bautizada como fotón), le dio la clave a otro baluarte de la ciencia. Basándose en los estudios de Max Planck al respecto de la energía de los átomos, Albert Einstein, el físico más sobresaliente del siglo XX, planteó que las ondas electromagnéticas tienen una naturaleza de partículas. Este eminente científico que sigue resonando en la actualidad científica a día de hoy (y lo seguirá haciendo), marcó un antes y un después en la física moderna, gracias a tres resultados de diversas investigaciones, completamente innovadoras (y anunciadas en 1905, en los albores del siglo XX). Sus artículos trataban sobre la teoría del efecto fotoeléctrico, en la que la luz se compone de partículas llamadas «cuantos de luz» (fotones), la teoría del movimiento browniano que utiliza la teoría cinética de las moléculas y la teoría de la relatividad especial.

La importancia del efecto fotoeléctrico

Nos centramos en la primera de estas investigaciones. La explicación del efecto fotoeléctrico (bajo un estudio titulado *Concerning an Heuristic Point of View Toward the Emission and Transformation of Light*), en el que muestra que la luz está compuesta de paquetes de energía —cuantos o fotones— que no tienen masa, pero sí cantidad de movimiento, y tienen una energía dada por: Energía del fotón (E = hf), que le hizo ganar el

La luz está compuesta de paquetes de energía sin masa.

Premio Nobel de Física en 1921. En el efecto fotoeléctrico, la luz separa los electrones de sus átomos. Einstein descubrió que la energía de la luz es transportada en cantidades discretas —paquetes de energía ya llamados fotones—. Y cada fotón es el equivalente a un elemento de energía o cuanto (la teoría ondulatoria de la luz era incapaz de explicar de forma natural el efecto fotoeléctrico, esto es, la emisión de electrones de las superficies metálicas iluminadas por la luz). De ahí que se extrajeran conclusiones como que cada fotón de luz violeta, por poner un ejemplo, tiene más o menos el doble de energía que un fotón de luz roja (ya que la luz violeta tiene, aproximadamente, el doble de frecuencia que la luz roja).

Fue por esta investigación y no por la de la teoría de la relatividad especial (incredulidades científicas de la época) por la que Einstein recibió su Nobel; de hecho, el entomólogo Christopher Aurivillius, secretario de la Academia Sueca de Ciencias que concede el Nobel, se encargó de enviarle a Einstein una carta en la que se le aclaraba específicamente que no se le concedía el premio por la relatividad y la gravitación, sino por sus contribuciones teóricas en física cuántica, por su descubrimiento de la ley del efecto fotoeléctrico (dejaremos de lado el asunto del éter del matemático y científico escocés James Clerk Maxwell —el supuesto éter lumínico—, ya que fue abandonado como un concepto innecesario, a la luz —nunca mejor dicho— de la teoría especial de la Relatividad de Einstein).

¿Qué opinaba Planck de todo esto?

La hipótesis de Einstein de los cuantos de luz (fotones), basada —a su vez— en el descubrimiento del efecto fotoeléctrico de Philipp Lenard en 1902, fue inicialmente rechazada por Planck. No estaba dispuesto a descartar por completo la teoría de la electrodinámica de Maxwell. A Einstein le costó unos años convencer a Planck, pero hubo un final feliz, ya que los dos científicos acabaron haciéndose muy buenos amigos e incluso quedaban para tocar música juntos.

La doble naturaleza de la luz

Como vemos, Einstein jugó un papel clave en el desarrollo de la mecánica cuántica desafiando los planteamientos clásicos de la mecánica newtoniana. El descubrimiento de cómo los fotones de la luz (que se considera clave para los orígenes tanto del espacio como de la vida) podían «ser absorbidos o generados solo como un todo», específicamente cuando un átomo «salta» entre tasas de vibración cuantificadas, aportó una nueva e innovadora forma de concebir la luz.

Y es que la dualidad de que la luz se pueda comportar como una corriente de partículas (fotones) y también como una onda supone un desafío para nuestro sentido común. La luz, con una doble naturaleza.

En la mecánica cuántica, por tanto, las partículas a veces pueden existir como ondas y a veces como partículas. Todo nace de osadas hipótesis de las que está pavimentada la ciencia. Como esta otra: y si la luz, que se creía originalmente que era una onda, tenía comportamiento de partícula bajo ciertas condiciones... partículas como el electrón también se ajustarían a esa dualidad, ¿no? Esto fue lo que propuso el físico francés Louis-Victor de Broglie quien fue honrado, precisamente, con el Premio Nobel de Física en 1929 por una propuesta que enunciaba que todas las partículas presentan tanto propiedades de onda como de partícula. Es lo que conocemos como dualidad onda-corpúsculo.

Una idea revolucionaria

De Broglie utilizó las ecuaciones de la teoría de la relatividad especial de Einstein para demostrar que las partículas pueden exhibir características similares a las de las ondas y que las ondas pueden exhibir características similares a las de las partículas. Concretamente, en su tesis, de Broglie propuso de forma exhaustiva la existencia de ondas de materia, una idea del todo revolucionaria donde la materia tenía asociada una onda (su ecuación se expresaba de la siguiente forma: $\lambda = h/p$, donde λ es la longitud de la onda asociada a la partícula de cantidad de movimiento p, y h es la constante de Planck). Sin duda, se puede afirmar que la ecuación de Planck es una de las ecuaciones de referencia que dio origen a la mecánica cuántica, así como a la computación cuántica.

Con ello, se concluía que toda la materia puede ser interpretada como una onda y una partícula (ambas cosas), según la ecuación de De Broglie. Esta idea de la cuantización de la energía cambió el curso de la física para siempre. Quedó demostrado que la predicción de Broglie era cierta cuando se dirigieron haces de electrones y neutrones a cristales y observaron patrones de difracción.

Todas estas ideas son las piedras angulares de la mecánica cuántica.

Como los resultados de la mecánica cuántica suelen ser extremadamente extraños y contradictorios, pongo punto y final a este reportaje con una frase de Niels Bohr, otro genio de la física: «Aquellos que no se sorprenden cuando se encuentran por primera vez con la teoría cuántica posiblemente no la hayan entendido».

CRIPTOGRAFÍA CUÁNTICA

GISELA BAÑOS
Física teórica, divulgadora de ciencia y ciencia ficción

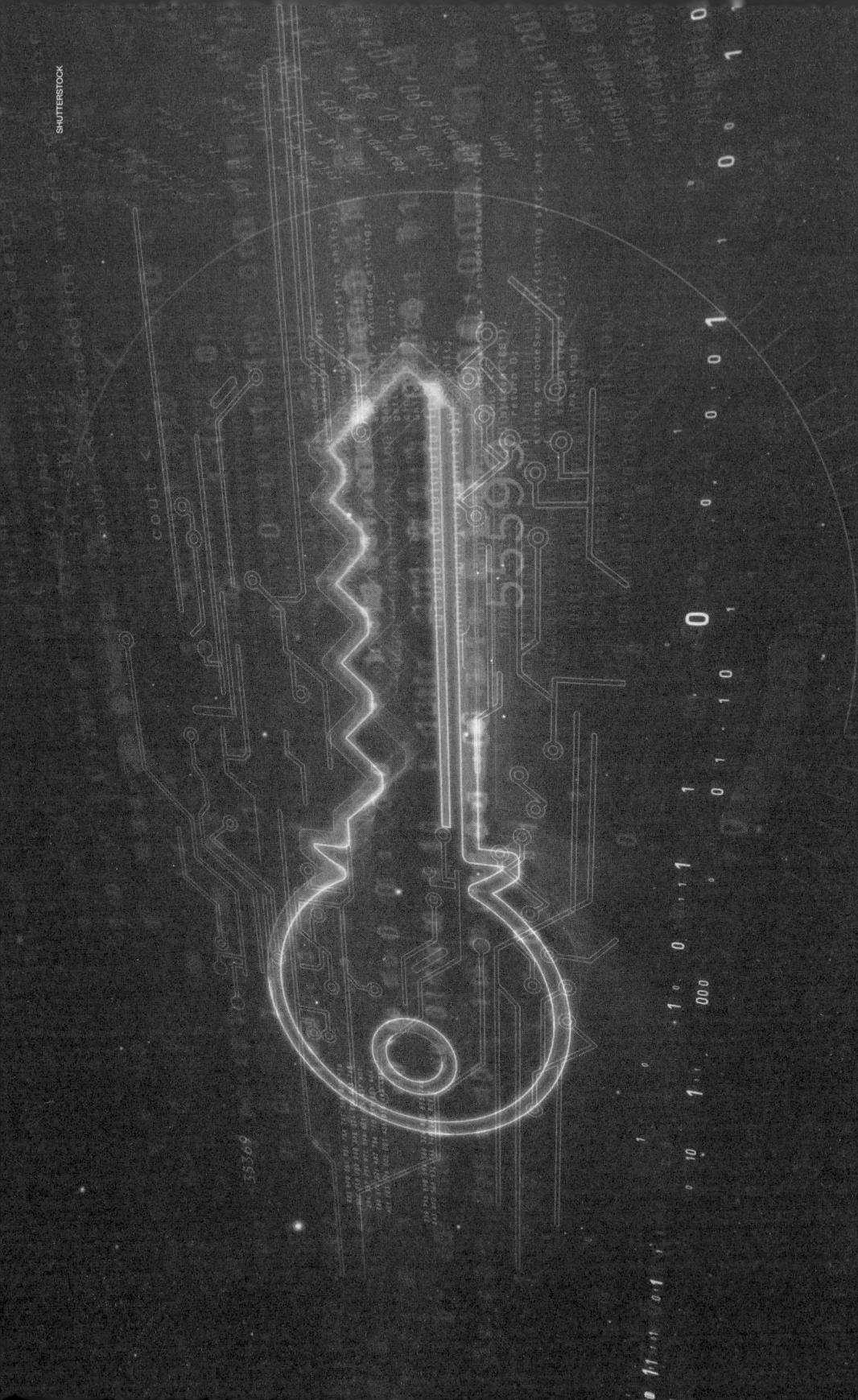

En las últimas décadas, la computación cuántica se ha ido abriendo paso hasta convertirse en uno de los campos más prometedores de la física moderna. Y, a nivel teórico, lo es. A nivel práctico, sin embargo, y haciendo un símil con la historia de la computación que ya conocemos, se podría decir que estamos más cerca de la máquina analítica de Babbage que del superordenador Frontier del Laboratorio Nacional de Oak Ridge. Eso no impide que los descubrimientos que se están haciendo en este ámbito abran la posibilidad a un cambio de paradigma tan revolucionario, que ya se está planteando de qué maneras podremos enfrentarnos a los diferentes desafíos que podría plantear. Uno de esos desafíos reside en el corazón mismo de internet; en las conexiones seguras y la encriptación de información sobre las que se sostienen el sistema económico y administrativo a nivel mundial. Pero empecemos desde cero.

Si bien sin la física cuántica no existirían los ordenadores actuales —el comportamiento de los electrones en materiales semiconductores, que son los que hacen posible la existencia del transistor y de los circuitos integrados, se rige por esos principios—, cuando hablamos de computación cuántica a lo que nos estamos refiriendo es a la manera en que se codifica, manipula y transmite la información en sistemas que muestran este tipo de propiedades.

Claude Shannon ya demostró en su trabajo de fin de máster, *A Symbolic Analysis of Relay and Switching Ciruits*, en 1937, que cualquier mensaje se podía representar a través de unidades de información mínimas llamadas bits y que cualquier operación lógica que se quisiera realizar con esos bits se podía ejecutar a través de circuitos eléctricos utilizando diferentes configuraciones de relés e interruptores. En este concepto tan simple se basan nuestros ordenadores: interruptor apagado o encendido, circuito cerrado o abierto, cero o uno.

Pero cuando aplicamos las reglas del mundo cuántico a la teoría de la información de Shannon empiezan a aparecer, como suele ser habitual en estos casos, efectos inesperados, como que los interruptores no estén ni encendidos ni apagados, sino, podría decirse, ambas cosas a la vez, ni los bits tengan un solo valor, 0 o 1, sino que se encuentren en un estado de superposición de ambos.

La generalización de la teoría de la información clásica a la cuántica y la posibilidad de un nuevo tipo de computación basada en esta última se fue produciendo de forma paulatina y desde diferentes frentes alrededor de mediados del siglo XX a través de las aportaciones de físicos como Ruslan Stratonovich,

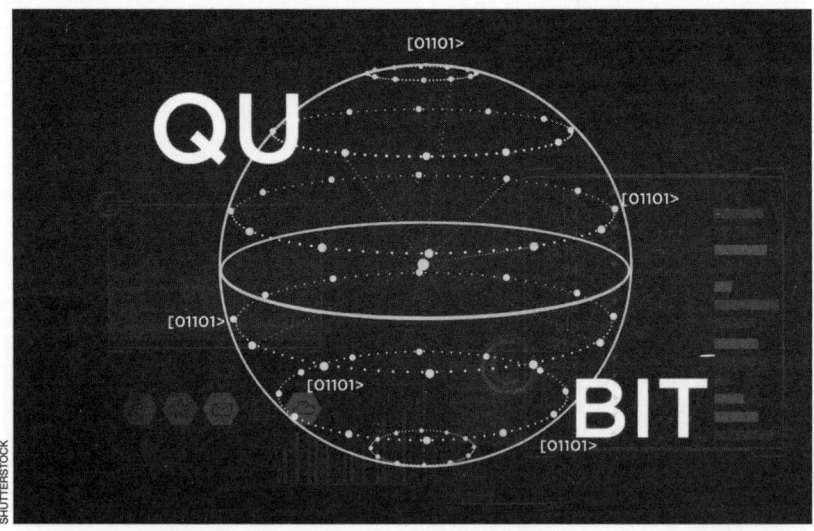

Representación gráfica de un cúbit en forma de esfera de Bloch.

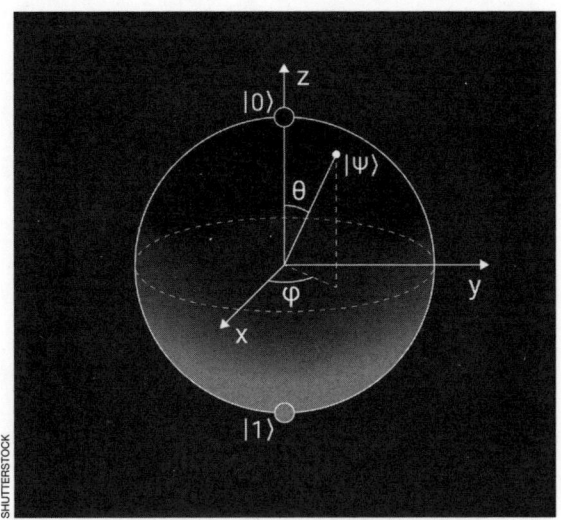

En mecánica cuántica, la esfera de Bloch
es una representación geométrica del espacio de estados puros
de un sistema cuántico de dos niveles.

Carl W. Helstrom y James P. Gordon; Paul Benioff; Richard Feynman; David Deutsch o Benjamin Schumacher. A este último, en concreto, le debemos la noción de cúbit como el análogo cuántico al bit de la teoría clásica de la información de Shannon.

A diferencia de un bit clásico, como mencionábamos con anterioridad, un cúbit puede existir en un estado de superposición de los valores 0 y 1, y solo «manifiesta» uno concreto a través del acto de la medida. Esta característica nos permite utilizarlos para realizar determinados tipos de cálculos en paralelo, lo que se traduce en un aumento exponencial de la velocidad.

Aquí cabe precisar que un ordenador cuántico, a día de hoy, es una máquina hiperespecializada muy eficaz para resolver algunos tipos de problemas, pero no es todavía, ni mucho menos, esa panacea universal que, en ocasiones, nos presentan.

Sin embargo, precisamente una de las tareas que se le darían mucho mejor a un ordenador cuántico que a uno convencional es la factorización de números primos, operación sobre la que se basa el sistema criptográfico de clave pública

Peter Shor tras recibir la Medalla Dirac 2017.

—o asimétrico— más extendido de internet: RSA (de Rivest, Shamir y Adleman), y que protege nuestras transacciones *online*. El inconveniente del sistema RSA es que su seguridad está garantizada solo mientras la capacidad de computación de la que dispongamos sea relativamente baja.

El principio que subyace a esto es que la factorización de números primos en la que se basa el algoritmo RSA es un problema unidireccional, esto es, muy fácil de resolver en un sentido —multiplicar varios números primos grandes para obtener un número mayor— y muy difícil de resolver en el otro —a partir de ese resultado, obtener los factores originales—. Por eso, utilizar un sistema criptográfico basado en él es seguro: aunque se disponga de la clave, que, en este caso, es pública, sin los factores que la componen no se puede decodificar el mensaje en destino y con un ordenador normal podría llevar años obtenerlos. Con uno cuántico, en cambio, no.

En 1994, Peter Shor desarrolló un algoritmo cuántico para resolver el problema de la factorización de los números primos, y demostró que el tiempo que tardaría un ordenador cuántico en hacerlo sería exponencialmente menor que el que le ocuparía a uno clásico, lo que pondría en jaque todo el sistema RSA.

La preocupación no es infundada; sin embargo, a día de hoy, el número primo más alto que un ordenador de este tipo ha conseguido descomponer en factores utilizando el algoritmo de Schor es el 21, en el año 2012. Esto nos da cierta perspectiva del estado de la cuestión, ya que estamos hablando de que los sistemas como RSA manejan claves de cientos de dígitos —alrededor de 300—. Así que parece que aún tendremos tiempo para prepararnos y, de hecho, ya lo estamos haciendo.

En la actualidad se sabe qué tipo de problemas matemáticos puede resolver un ordenador cuántico con mucha mayor facilidad que uno clásico y cuáles le entrañan una mayor dificultad. En el ámbito de la criptografía de clave pública, bastaría con buscar nuevos algoritmos de cifrado no susceptibles a esas vulnerabilidades, algo de lo que se encarga la rama de la criptografía poscuántica o criptografía resistente a la computación cuántica.

El Instituto Nacional de Estándares y Tecnología (NIST) ya inició, en 2012, la búsqueda de algoritmos de este tipo con el objetivo de sustituir a los actuales, y en 2015 abrió un concurso para la selección de un nuevo estándar criptográfico en este sentido. Tras varias rondas eliminatorias, se espera que el algoritmo ganador se anuncie a lo largo de 2024. Salvo que el desarrollo de un ordenador cuántico viable se produzca antes de lo esperado, se espera ir instaurando este nuevo tipo de estándares paulatinamente durante la próxima década.

Estos teoremas se basan los protocolos cuánticos existentes para compartir claves de encriptado de forma completamente segura.

Pero ¿es esto todo lo que la computación cuántica tiene que ofrecer dentro del ámbito de la criptografía? ¿Se limita su contribución a su potencial de cálculo mayor? No, y ahora viene la que tal vez sea la parte más interesante: cómo podemos aplicar las propiedades de la mecánica cuántica directamente al tratamiento y transmisión de la información, o a su encriptación, en este caso.

Es habitual que cuando se habla de física cuántica se mencionen una serie de fenómenos poco o nada intuitivos acerca de lo que una partícula puede hacer, como «encontrarse en varios sitios a la vez» o «atravesar paredes» —hablando de forma coloquial acerca de los estados de superposición o el efecto túnel—. Sin embargo, en información cuántica, cobra una especial relevancia lo que este tipo de sistemas no puede hacer. Son los llamados teoremas de imposibilidad y vienen determinados por la propia naturaleza matemática de la teoría —es importante entender que no es una cuestión de no contar con conocimientos o tecnología suficiente para saltárselos, son líneas rojas que las ecuaciones no nos permiten cruzar—. Los dos más interesantes para el caso que nos ocupa son el principio de indeterminación de Heisenberg, que establece que existen determinadas variables que no se pueden medir de

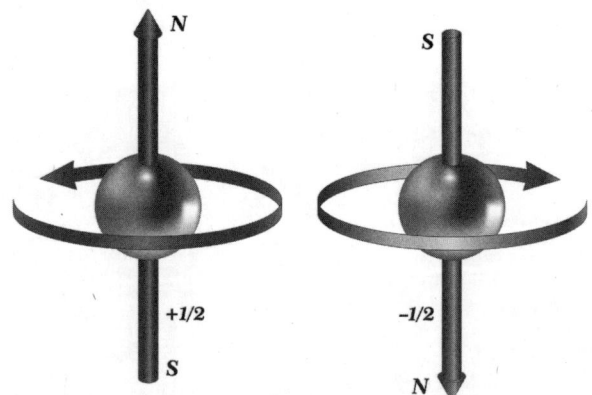

El espín es una propiedad física de las partículas subatómicas que lleva asociado un momento angular cuyas componentes no se pueden medir de forma simultánea. Su momento magnético asociado es similar al de una carga eléctrica en rotación.

De izquierda a derecha, Charles H. Bennett, Gilles Brassard y Peter Shor.

manera simultánea —como la posición y el momento lineal, o el tiempo y la energía—, y el teorema de no clonación, que no permite que se puedan copiar, estados cuánticos sin destruir el original. Este último marca una de las grandes diferencias que la teoría de la información clásica presenta respecto a la cuántica, porque, haciendo una analogía, significaría que no podríamos tener varias copias del mismo archivo en dispositivos diferentes. Esto implica, entre otras cosas, que un tercero no podría hacerse con una de nuestras claves o copiar nuestros datos sin que nos diéramos cuenta.

En ellos, entre otras propiedades de los sistemas cuánticos, se basan los protocolos cuánticos existentes para compartir claves de encriptado de forma completamente segura —QKD (*quantum key distribution*)—, como el BB84, probablemente el más popular, desarrollado por Charles Bennett y Gilles Brassard en 1984, o el E91, propuesto por Artur Eckert en 1991 que, además, hace uso de la propiedad del entrelazamiento. Veamos, a grandes rasgos, el protocolo BB84.

Uno de los momentos más delicados a la hora de establecer un sistema de cifrado es el intercambio de la clave entre emisor y receptor, ya que los canales clásicos —una línea telefónica, el correo electrónico...— pueden estar intervenidos sin que ni el uno ni el otro se den cuenta. Esto es algo que, en el caso de la transmisión de información cuántica, las matemáticas impiden que suceda. Si alguien pincha el canal o intenta copiar el mensaje durante la transmisión, las demás partes lo advertirán.

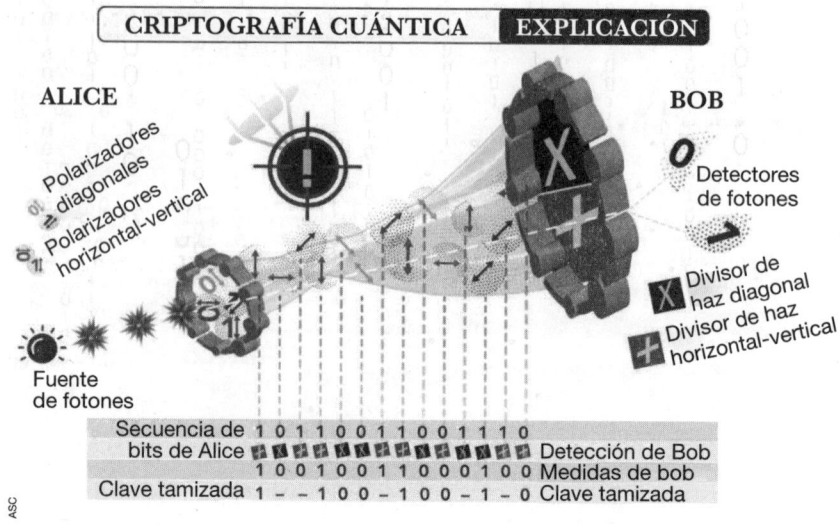

El protocolo BB84 permite el intercambio de claves
de manera segura entre emisor (Alice) y receptor (Bob) utilizando las
propiedades de la mecánica cuántica, que impiden que un tercero pueda
interceptar y copiar los datos sin que emisor y receptor lo adviertan.

Supongamos que Alice quiere comunicarse con Bob de forma secreta —Alice y Bob son viejos conocidos dentro del mundo de la teoría cuántica de la información—, pero antes tienen que establecer una clave de cifrado para sus mensajes y se quieren asegurar de que Eve —de *eavesdropper*, 'espía' en inglés— no la roba ni la intercepta. La mejor forma de hacerlo es enviándose partículas cuánticas, o cúbits, que, en principio, se encontrarían en una superposición de dos estados que, en este caso, vendrán determinados por la dirección del spin; pongamos, por ejemplo, vertical u horizontal.

Las componentes del spin de una partícula son variables conjugadas, esto quiere decir que, como la posición y el momento o el tiempo y la energía, cumplen el principio de indeterminación: cuando obtenemos una medida máxima del spin en una dirección, automáticamente se pierde la información del spin en su perpendicular.

Alice preparará sus partículas de forma aleatoria para que tengan spin vertical u horizontal, anotará la secuencia de spines y se las enviará a Bob sin darle ninguna información al respecto. Como Bob no sabe en qué estado le llegan las partículas, las medirá de forma aleatoria e irá anotando los resultados. En aquellos casos en que haya elegido la misma base que Alice —por ejemplo, medir en vertical un spin vertical—, las observaciones de ambos coincidirán, no así en los demás —si Bob mide la componente horizontal y el spin de esa partícula era vertical, el resultado será cero, por el principio de indeterminación—. En la parte final del proceso, es necesario que ambos intercambien a través de un canal clásico —un correo electrónico, una llamada...— la información acerca de en qué estado Alice envió las partículas, se quedarán con aquellas entradas que coinciden y descartarán el resto: esa será la clave.

¿Pero por qué Eve no puede robarla? Para hacerlo, tiene que interceptar el mensaje y, con su medida, puede perturbar el sistema. Eve tampoco sabe cómo Alice creó los estados, así que, si los observa en la misma base que ella eligió, no los perturbará, pero si no, sí, y cuando Alice y Bob compartan su información por teléfono se darán cuenta de que ha habido una intervención que ha afectado los resultados que ellos han ido anotando.

En este caso, no estamos ante un protocolo meramente experimental y, aunque no está muy extendido, sí se ha comenzado a utilizar en algunos sectores.

Aún queda mucho camino por recorrer. Aunque los primeros adelantos son prometedores y empezamos a ver las primeras aplicaciones, todavía no estamos ante un desarrollo de una criptografía cuántica «real», o una en la que en la que se utilicen las propiedades de la física cuántica para encriptar directamente los mensajes. En cuanto contáramos con ella, esta podría ayudarnos a establecer comunicaciones 100 % seguras. Las propiedades de la física cuántica las blindarían. Se trata, no obstante, de un planteamiento teórico que, sin una computación cuántica plenamente desarrollada es, por el momento, inviable llevar a cabo. No obstante, habrá que estar pendiente, en los próximos años de cuáles son los avances que, tal vez, nos lleven hasta ella.

LAS OBJECIONES DE EINSTEIN

ALEJANDRO NAVARRO
Investigador y divulgador científico

Ilustración digital de un átomo con sus electrones, protones y neutrones.

En la historia de la ciencia hay muchos casos de científicos que, en un momento u otro, se opusieron a una nueva teoría con la que no comulgaban. También, de otros que se mostraron reticentes porque tenían celos de aquellos que habían participado en su desarrollo. Menos frecuente es el caso de investigadores que se hayan mostrado abiertamente incómodos con algunos de los aspectos de una teoría que, ellos más que nadie, hubiesen contribuido a alumbrar. Y en este sentido, quizás el caso más célebre sea el de Albert Einstein con respecto a la teoría cuántica.

Cuanto de luz

Einstein no solo puede considerarse un pionero de pleno derecho de la teoría, sino que le propinó el primer espaldarazo serio con el esclarecimiento del efecto fotoeléctrico, allá por 1905. De hecho, fue el propio Einstein quien introdujo el término «cuanto de luz», que veinte años más tarde sería sustituido por el de «fotón». El genio de Ulm estaba muy de acuerdo con las ideas de Planck, pues entendía que solucionaban de un plumazo algunos de los enigmas más intrigantes de la física decimonónica, tales como la famosa «catástrofe ultravioleta». Antes de la intervención de Einstein, la cuantización era poco más que un artificio matemático que solucionaba un problema. Después, se convertiría en una verdad paulatinamente aceptada por toda la comunidad científica. Sin embargo, en las décadas que siguieron, y a medida que la teoría se iba desarrollando, los físicos fueron poniendo de manifiesto en toda su extensión sus extrañas características, y más en concreto algunas propiedades de los sistemas cuánticos que desafiaban abiertamente ciertas nociones ampliamente admitidas acerca de la naturaleza de la realidad. En efecto, y de forma sorprendente, la mecánica cuántica pasó poco a poco a describir cómo en la escala de lo inimaginablemente diminuto el mundo parecía regirse por leyes muy diferentes a las que experimentamos en nuestra vida cotidiana, con objetos y escenarios difusos donde las partículas son a la vez ondas, donde rige el principio de incertidumbre de Heisenberg y donde los sistemas cuánticos se encuentran en una superposición lineal de estados. Paradojas como la planteada por el famoso «gato de Schrödinger» llevaron a los físicos a discutir durante décadas sobre las implicaciones de la teoría cuántica, tanto desde un punto de vista científico como filosófico. Las interpretaciones se sucedían sin descanso y cada postura tenía tanto sus partidarios como sus detractores.

Con el tiempo, la corriente principal de pensamiento hacia la teoría cuántica cuajó en lo que se vino a llamar la «interpretación de Copenhague», liderada por Niels Bohr y otros destacados científicos, una visión positivista que podría resumirse en que la mecánica cuántica solo se ocupa de aquello que se puede medir, no teniendo ningún sentido preguntarse si algo que no puede medirse existe a pesar de ello. Esta posición era inaceptable para Einstein, un científico de pensamiento «realista» para el cual los valores de las propiedades de un sistema existen independientemente de que sean observadas o no. En sus propias palabras, Albert lanzaba preguntas del tipo: «¿Está la Luna ahí cuando nadie la mira?». Para él, la incertidumbre intrínseca a la mecánica cuántica, sobre todo en lo referente a las superposiciones lineales de estados, así como la naturaleza probabilística de la teoría, le resultaban profundamente incómodas. Por supuesto, Einstein no negaba el extraordinario potencial de la nueva mecánica para describir con una precisión

Conferencia Solvay (1927). Fotografía de Benjamin Couprie.
De atrás hacia adelante y de izquierda a derecha: Piccard, Henriot,
Ehrenfest, Herzen, De Donder, Schrödinger, Verschaffelt, Pauli,
Heisenberg, Fowler, Brillouin, Debye, Knudsen, Bragg, Kramers, Dirac,
Compton, De Broglie, Born, Bohr, Langmuir, Planck, Curie, Lorentz,
Einstein, Langevin, Guye, Wilson, Richardson.

increíble una infinidad de fenómenos, pero entendía que se trataba de una teoría incompleta, muy útil en la práctica pero por detrás de la cual debía subyacer una descripción más precisa —y a sus ojos más «real» y más acorde con nuestra experiencia diaria— de los sistemas individuales. De esta forma, los asombrosamente exactos cálculos de la mecánica cuántica no serían sino una formulación estadística de esa otra teoría más detallada, que describiría la realidad «objetiva» subyacente.

Esta idea de la presencia de variables ocultas fue abrazada años más tarde por otros físicos notables, como David Bohm, otro apóstata de la mecánica cuántica que estaba convencido de que Einstein tenía razón, o como el propio Schrödinger, quien creó la paradoja del gato precisamente para poner de manifiesto lo que él consideraba como inconsistencias de la teoría. En una famosa carta a su colega y amigo Max Born, Albert escribía: «La mecánica cuántica es realmente imponente. Pero una voz interior me dice que aún no es la buena. La teoría

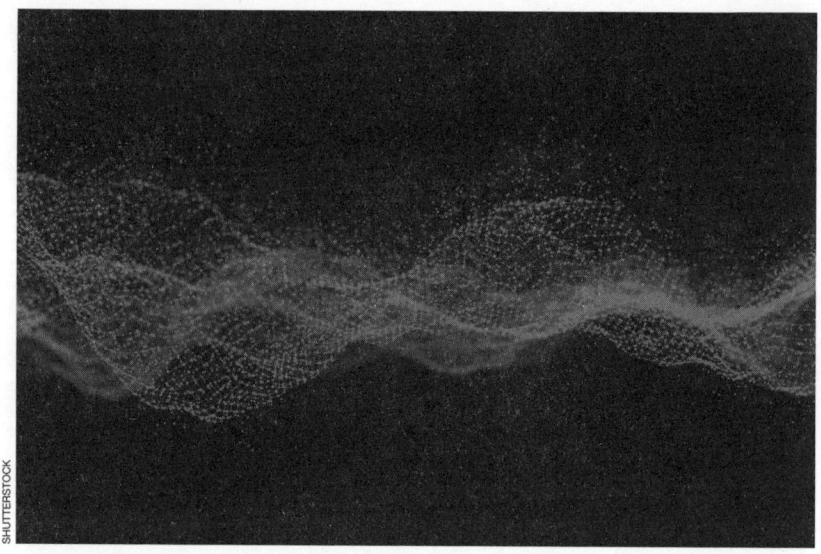

El mundo parecía regirse por leyes diferentes a las que experimentamos en nuestra vida cotidiana, con objetos y escenarios difusos donde las partículas son a la vez ondas.

dice mucho, pero no nos aproxima realmente al secreto del «viejo». Yo, en cualquier caso, estoy convencido de que Él no tira dados». A Einstein le gustó tanto su propia frase que más tarde la repetiría sin cesar, obligando a Bohr a contestarle con la no menos famosa: «Einstein, deja de decirle a Dios lo que debe hacer». A partir de 1927, las famosas conferencias Solvay fueron el escenario del continuo debate entre ambos genios —rendidos admiradores el uno del otro— con continuas argumentaciones de Einstein seguidas de la correspondiente refutación por parte de Bohr. Es bien sabido que la interpretación de este último fue la que al final se impuso, aunque Einstein continuó durante años elaborando ingeniosos experimentos mentales que siempre ponían a prueba a su colega del norte.

Quizá el fenómeno cuántico que más desconcertaba e inquietaba al genio de Ulm fuese el entrelazamiento, esa propiedad según la cual las partículas entrelazadas no pueden definirse como partículas individuales, y ello independientemente de la distancia a la que se encuentren, lo que permite, por ejemplo, modificar el estado de una partícula… ¡operando

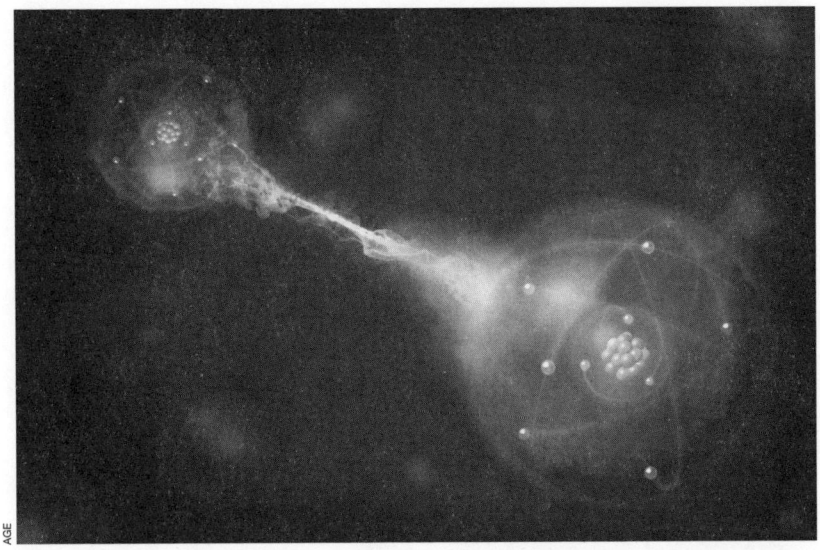

AGE

Obra de arte conceptual de un par de partículas o eventos cuánticos
entrelazados (izquierda y derecha) que interactúan a distancia. El
entrelazamiento cuántico es una de las consecuencias de la teoría cuántica.

sobre la otra! A Einstein esto le parecía el colmo, porque si
había algo que le molestaba eran lo que él llamaba «fantas-
males acciones a distancia». Entendía que violaban el principio de localidad (dos objetos alejados no pueden influirse
mutuamente de manera instantánea) y, de hecho, una de las
razones que le llevaron a describir la relatividad general fue
su disconformidad con la teoría de Newton, en la que las masas parecían atraerse mediante una acción de ese tipo. Así, en
1935, junto con sus colegas Boris Podolski y Nathan Rosen,
Einstein propuso su célebre paradoja EPR (las iniciales de los
tres apellidos de sus creadores), un nuevo experimento mental
destinado a poner de manifiesto que la mecánica cuántica era
una teoría incompleta. En este experimento, dos partículas que
han interactuado en el pasado quedan entrelazadas. Entonces,
dos observadores reciben cada una de las partículas. Si uno
de ellos mide una propiedad de su partícula, por ejemplo, la
posición o la velocidad, el entrelazamiento cuántico le permite
automáticamente conocer el valor de dicha propiedad para la
otra, en lo que los autores consideraban abierta contradicción

con el principio de localidad, a menos que los valores de las propiedades de ambas partículas estuviesen determinados ya de antemano, lo que implicaría que la mecánica cuántica fuese incompleta, o incluso imperfecta, como medio para describir la realidad con exactitud.

Los experimentos mentales de Einstein y las formulaciones de Bohm y otros eruditos alimentaron durante décadas el debate entre positivistas y realistas, con la imposibilidad de determinar quién tenía razón. En efecto, ¿cómo distinguir la mecánica cuántica de las diferentes teorías de variables ocultas si las predicciones de ambas alternativas eran las mismas? Eso fue lo que llevó al físico irlandés John Stuart Bell a proponer en 1964 una forma de resolver la paradoja EPR, demostrando matemáticamente que en los experimentos con partículas entrelazadas los resultados arrojados por la mecánica cuántica siempre serán algo distintos de los que podría predecir cualquier teoría de variables ocultas (la realidad objetiva subyacente en la que creían Einstein y Bohm). Por desgracia para Einstein, en los experimentos llevados a cabo desde entonces los resultados siempre han coincidido sin excepción con los predichos por la mecánica cuántica. Dicho de otro modo, las variables ocultas no existen y la teoría cuántica describe el mundo subatómico con absoluta precisión.

¿Fracasó, por tanto, Einstein?

En realidad no. Sus objeciones a la teoría cuántica abrieron el camino a desarrollos cruciales para llegar al entendimiento que tenemos hoy en día de la más extraña, exitosa y fascinante teoría de toda la historia de la ciencia. Einstein era un genio incomparable, pero a medida que envejecía se fue apartando en cierta medida de la vanguardia de la física teórica, dándose la paradoja de que el que había sido el mayor revolucionario de la disciplina se había convertido con el tiempo en todo un conservador, extremadamente incómodo con una teoría que desafiaba sus ideas. El problema de Einstein con la mecánica cuántica es que nunca aceptó que el mundo subatómico no tenía por qué comportarse como el de nuestra experiencia cotidiana, integrado por sistemas inimaginablemente más complejos, en los que la coherencia cuántica se desvanece con enorme rapidez. La transición entre las superposiciones lineales de las propiedades de los sistemas simples características del mundo cuántico y la decoherencia de los sistemas complejos que se corresponde con el familiar comportamiento clásico es un vibrante tema de investigación de la más rabiosa actualidad. Es difícil saber cuál hubiese sido la postura del bueno de Einstein hacia estos desarrollos que se han producido en su gran mayoría después de su muerte, pero seguro que su gran inteligencia le hubiese hecho apreciar que, después de todo, no hay nada incompatible entre estas dos grandes dimensiones de la realidad. El mundo subatómico no es en modo alguno ilógico e inaprehensible, simplemente sigue unas reglas a las que no estamos acostumbrados porque los seres humanos hemos evolucionado en un nivel en el que por causa de la decoherencia los objetos no se encuentran en una superposición lineal de estados, un lugar donde hay que protegerse de cosas como los leones o los cocodrilos, demasiado complejos como para que percibamos los extraños fenómenos que describe la mecánica cuántica. Un mundo en el que el gato de Schrödinger siempre está vivo o muerto, pero no las dos cosas a la vez.

EL PRINCIPIO DE INCERTIDUMBRE

ALBERTO CASAS
Profesor de investigación
en el Instituto de Física Teórica, IFT-UAM/CSIC

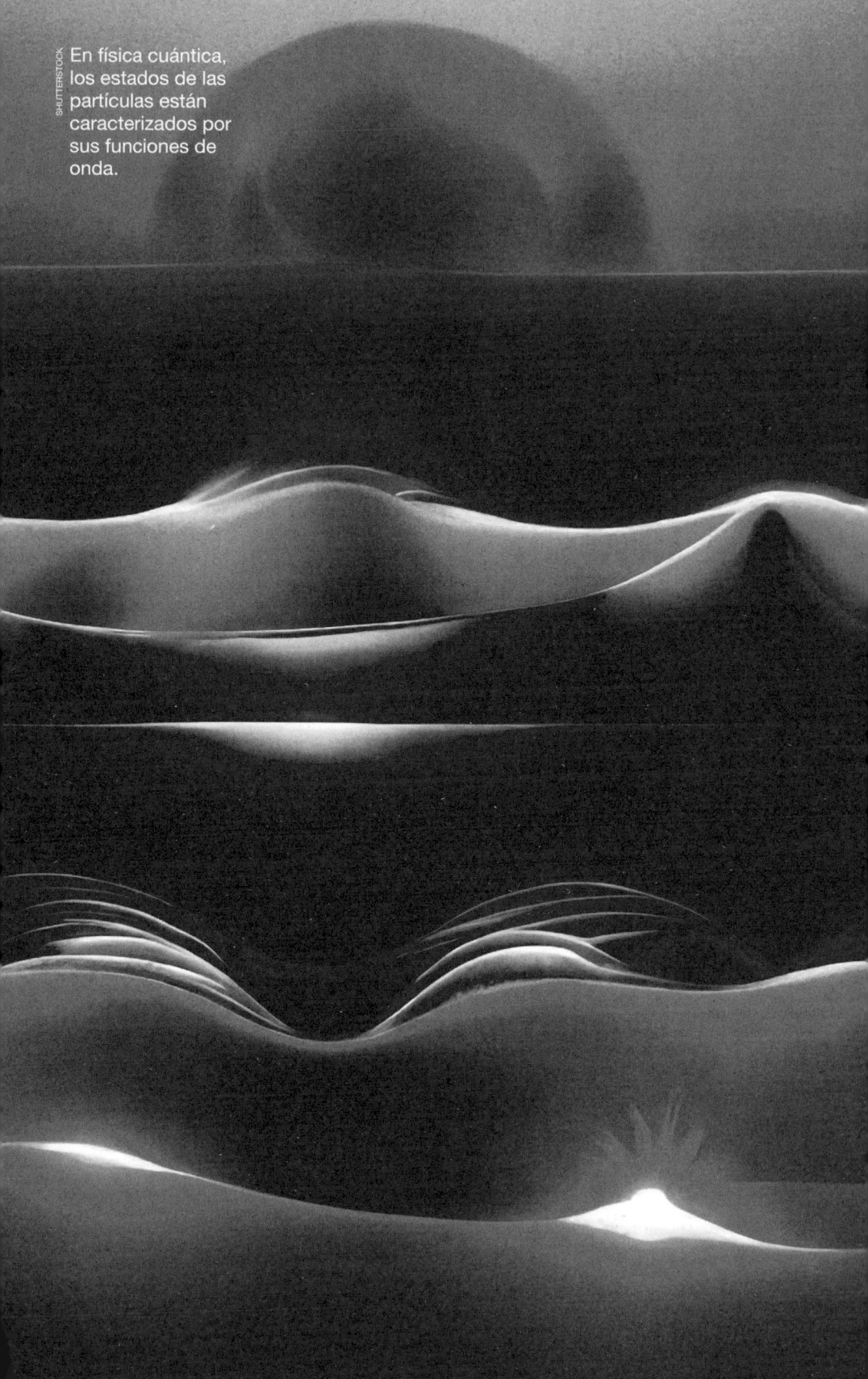

En física cuántica, los estados de las partículas están caracterizados por sus funciones de onda.

S upongamos que recibe usted una multa de tráfico, informándole de que en el kilómetro 27 de una autopista circulaba a 130 km/h, diez por encima del límite legal. Entonces usted alega que, según el famoso principio de incertidumbre de Heisenberg, no es posible conocer al mismo tiempo la posición y la velocidad del coche; así que la multa debe ser anulada.

¿Puede usted abrigar alguna esperanza de que su caso sea revisado? (la solución al final de este artículo).

Función de onda

Antes de adentrarnos en el significado del famoso principio de Heisenberg, hemos de recordar un postulado importante de la física cuántica. Consideremos una magnitud física cualquiera de una partícula, por ejemplo, su posición. Según la teoría, existen ciertos estados especiales de la partícula, llamados «autoestados de la posición», en los que la posición de esta está perfectamente definida. Una manera de visualizar esos estados es a través del concepto de «función de onda». La función de onda, designada habitualmente con la letra griega psi (ψ), tiene un valor en cada punto (x) del espacio, $\psi(x)$; y ese valor es una medida de la probabilidad de que, al observar la posición de la partícula, nos la encontremos en dicho punto. Esto está

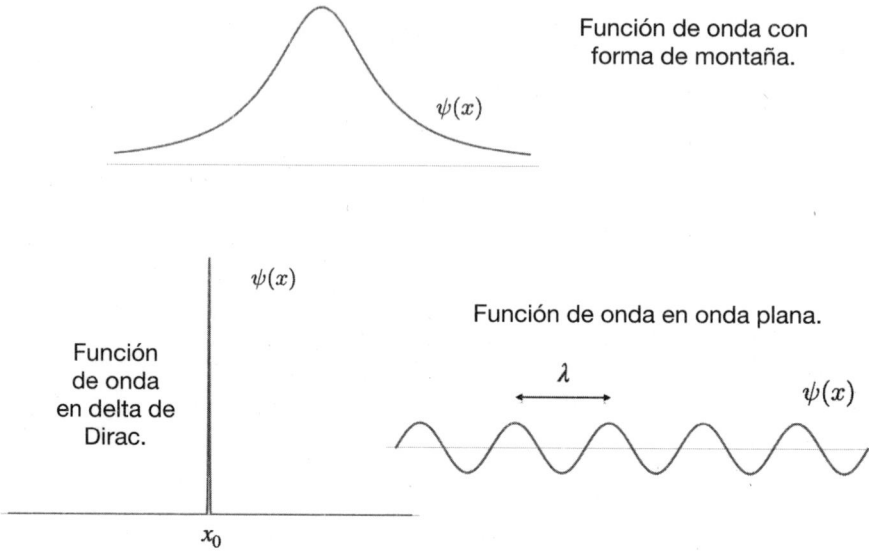

Función de onda con forma de montaña.

$\psi(x)$

Función de onda en delta de Dirac.

$\psi(x)$

Función de onda en onda plana.

λ

$\psi(x)$

x_0

ilustrado en la figura que muestra una función de onda con forma de montaña. En ese ejemplo, la mayor probabilidad de presencia se encuentra en torno al punto central, pero también hay una cierta probabilidad de encontrar la partícula en otro punto cualquiera.

Conviene subrayar que la función de onda no es un objeto físico que podamos medir directamente. Lo que podemos medir son magnitudes físicas, como la posición y la velocidad. La función de onda es más bien un artilugio matemático que nos sirve para predecir la probabilidad de obtener un resultado u otro en esas medidas; pero no es algo medible en sí mismo.

¿Cómo es la función de onda de una partícula con una posición bien definida, por ejemplo x_0? Dado que solo puede tomar un valor no nulo (en x_0), ha de ser una función perfectamente picada en ese punto. Esta función se denomina «delta de Dirac». En la jerga de la mecánica cuántica, las funciones de onda de los autoestados de la posición son deltas de Dirac.

Consideremos ahora otra magnitud física, concretamente la velocidad. Una partícula puede tener una velocidad perfectamente definida; es decir, usando la jerga anterior, puede encontrarse en un autoestado de la velocidad. Lo que sucede es que los postulados de la física cuántica implican que los autoestados de la velocidad son distintos que de los de la posición. Su función de onda, $\psi(x)$, se asemeja a una cuerda infinita agitada por una oscilación a lo largo de toda su longitud. Una función así se suele llamar *onda plana*. Las funciones de onda de los autoestados de la velocidad son ondas planas.

La característica más importante de una onda plana es su longitud de onda, o sea la distancia entre dos picos o dos valles (indicada con la letra griega λ en la figura). En general, λ es extremadamente pequeña (microscópica) y su valor concreto depende de la masa y la velocidad de la partícula: cuanto más grandes sean estas, más pequeña es λ. A veces se dice, en un abuso de lenguaje, que λ es la longitud de onda de la partícula. Realmente es la longitud de onda de su función de onda, cuando tiene una velocidad bien definida.

El punto más importante de la discusión anterior es que si la partícula tiene la velocidad bien definida, entonces no tiene la

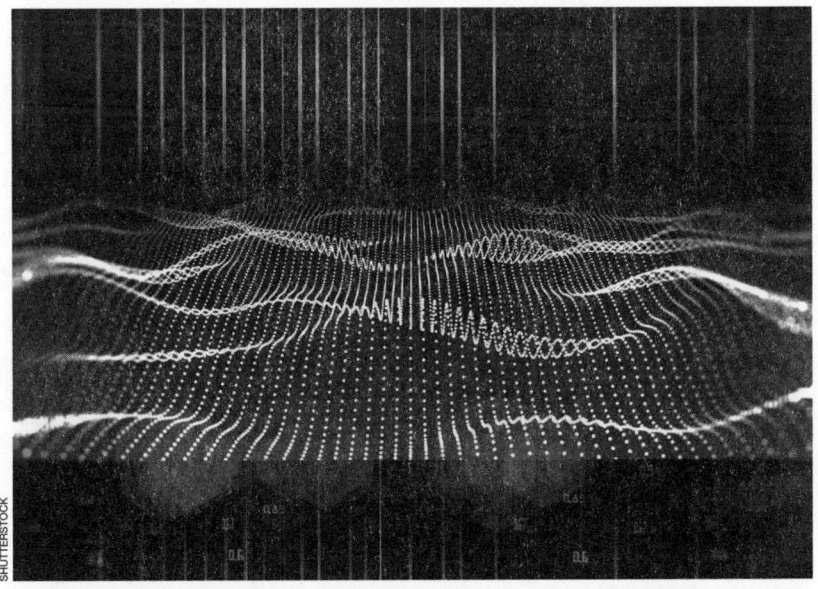

Una partícula puede tener una velocidad perfectamente definida; es decir, puede encontrarse en un autoestado de la velocidad.

posición bien definida, ya que su función de onda es una onda plana, no una delta de Dirac. De hecho, al medir la posición podemos obtener cualquier valor con idéntica probabilidad, puesto que la onda plana se extiende por todo el espacio de manera homogénea: la deslocalización de la partícula es absoluta.

Del mismo modo, si la partícula está en un autoestado de la posición (delta de Dirac), la incertidumbre acerca de la velocidad es absoluta, un resultado menos obvio pero que se puede demostrar matemáticamente. Podemos considerar también situaciones intermedias, en las que el estado de la partícula no es un autoestado de la posición ni de la velocidad, como los considerados en la figura.

En estos casos, ni la posición ni la velocidad están bien definidas, pero la incertidumbre sobre ellas no es absoluta. Es una especie de solución de compromiso, pero nunca se puede conseguir que *ambas* incertidumbres Δx y $\Delta \upsilon$, sean cero simultáneamente. Se puede demostrar rigurosamente que hay un límite matemático para lo pequeñas que pueden ser, concretamente:

$$\Delta x \cdot \Delta \upsilon \geq \frac{\hbar}{2m}$$

Este es el célebre *principio de incertidumbre* de Heisenberg. En el miembro de la izquierda tenemos el producto de las dos incertidumbres. En el de la derecha, $\hbar$ es una constante fundamental de la naturaleza, llamada constante de Planck, y m es la masa de la partícula. La fórmula, enunciada por primera vez por Werner Heisenberg en 1927, es sin duda una de las más icónicas de la mecánica cuántica. Posiblemente usted la haya visto antes en películas, gorras o camisetas. Y la forma en que suele escribirse no es la de arriba, sino una muy parecida: $\Delta x \cdot \Delta p \geq \hbar/2$, donde p es el momento lineal de la partícula, definido como el producto de la masa por la velocidad, $p = m\upsilon$. Matemáticamente ambas formas son exactamente equivalentes (simplemente hemos multiplicado por m los dos miembros de la ecuación inicial).

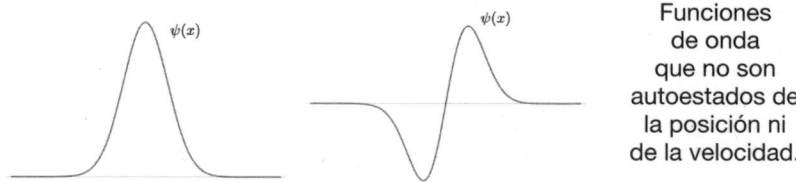

Funciones de onda que no son autoestados de la posición ni de la velocidad.

Hay que subrayar que, a pesar de su nombre, el principio de incertidumbre no es en realidad un principio ni un postulado, sino un teorema; es decir, una consecuencia matemática de los postulados de la teoría. Dada su extraordinaria importancia, vamos a profundizar en su verdadero significado.

Las incertidumbres Δx y $\Delta \upsilon$ no se deben a que nuestros aparatos de medida sean imperfectos e *introduzcan* errores, cosa que naturalmente sucede; sino que son incertidumbres intrínsecas. ¿Qué quiere decir esto? A menudo se afirma que el significado del principio de Heisenberg es que cuando medimos la posición de una partícula, perturbamos de forma irremediable su velocidad, por lo que no podemos aspirar a medir ambas simultáneamente con precisión absoluta. Pero la cosa es más profunda: la partícula *no puede tener* bien definidas la posición y la velocidad, las midamos o no. Simplemente, no hay ninguna función de onda que sea a la vez una delta de Dirac (posición bien definida) y una onda plana (velocidad bien definida).

Ahora bien, si este es un principio universal, ¿cómo es que no lo percibimos en nuestra experiencia diaria? Cuando miramos una silla, esta parece encontrarse en una posición bien determinada, sin incertidumbres; y con una velocidad bien determinada (en este caso cero), también sin incertidumbres. Para entender este hecho hemos de profundizar un poco más en nuestra fórmula, $\Delta x \cdot \Delta \upsilon \geq \hbar/2m$. El producto de las incertidumbres es (como mínimo) $\hbar/2m$. ¿Eso es grande o pequeño? En general, muy pequeño. El valor de $\hbar$ es diminuto: en unidades convencionales, $\hbar \approx 7 \times 10^{-34} m^2 kg/s$; o sea, 0,00......007, con treinta y tres ceros a la derecha de la coma. Esta pequeñez indica que es en el mundo microscópico donde el principio de incertidumbre juega un papel más importante. A esto contribuye también el denominador de la fracción $\hbar/2m$. Recordemos *m* que es la masa de la partícula. Al estar en el denominador, cuanto más grande sea esta, *menor* será la fracción $\hbar/2m$, y por tanto menores pueden ser las incertidumbres. Este es el caso de los objetos macroscópicos observables a simple vista: una silla, una piedra, un grano de arroz, un grano de arena, etc. Para ellos, las incertidumbres en Δx y Δv pueden ser extraordinariamente pequeñas, despreciables. Sin embargo, para una partícula diminuta, como un electrón, un átomo o una molécula, que tienen una masa pequeña, la incertidumbre cuántica es *siempre* significativa.

Estamos ya en condiciones de regresar a nuestro plan para librarnos de una multa por exceso de velocidad. Recordemos nuestra línea de defensa: «Si mi coche fue detectado en el kilómetro 27 (y por tanto con una posición bien definida), no es posible afirmar con seguridad que su velocidad fuera de 130 km/h, el principio de incertidumbre lo impide». Esta afirmación es correcta. El problema, como hemos visto, es que para objetos macroscópicos (caso del coche) las incertidumbres en la posición y la velocidad pueden ser extraordinariamente pequeñas (aunque nunca nulas). Por ello, si bien es verdad que no se puede afirmar que el coche se encontraba en ese lugar y a esa velocidad con precisión absoluta, la incertidumbre cuántica es insignificante. Solo si nos empeñáramos en establecer la posición y velocidad del coche con una precisión absurda de

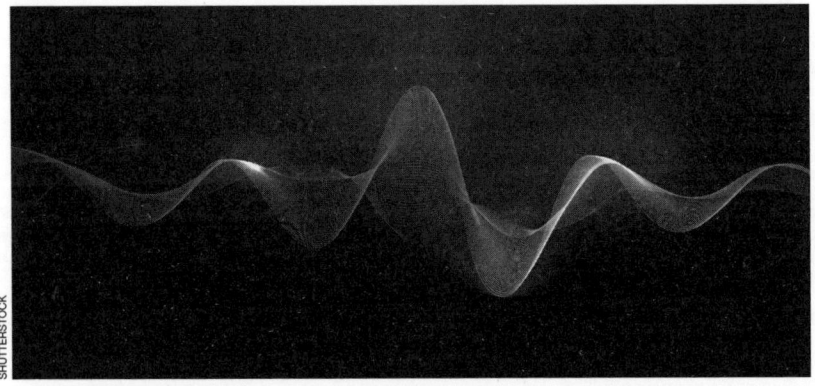

La función de onda no es un objeto físico que podamos medir directamente.

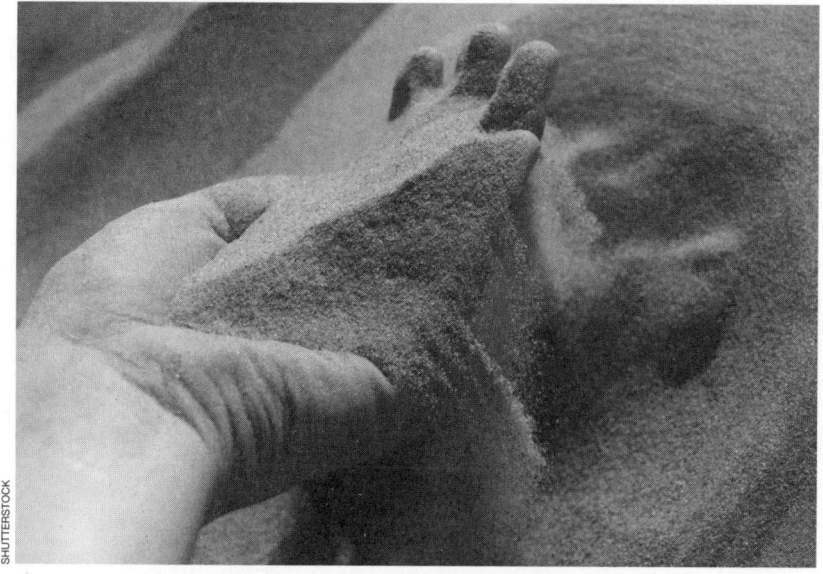

SHUTTERSTOCK

Para objetos macroscópicos observables a simple vista, como los granos de arena, las incertidumbres cuánticas pueden ser extraordinariamente pequeñas, despreciables. Pero son siempre significativas para una partícula diminuta, como un electrón, átomo o molécula, que tienen una masa pequeña.

trillonésimas de trillonésimas de milímetro, entonces el principio de Heisenberg nos lo impediría. ¡Desgraciadamente, no podemos invocar el principio de incertidumbre para impugnar una multa en la carretera!

Aun así, podríamos alegar que el principio de Heisenberg solo establece un límite inferior para las incertidumbres, pero permite que estas sean arbitrariamente grandes, incluso para objetos macroscópicos. Por ejemplo, podríamos afirmar (a la desesperada): «Cuando mi coche fue detectado, se encontraba en un autoestado de la posición, concretamente estaba situado exactamente en el kilómetro 27; por tanto la incertidumbre acerca de su velocidad era total». Sin embargo, si de algo tenemos certidumbre absoluta es de que este argumento no nos librará de la multa...

Campos cuánticos

Francisco R. Villatoro
Físico y profesor de la Universidad de Málaga

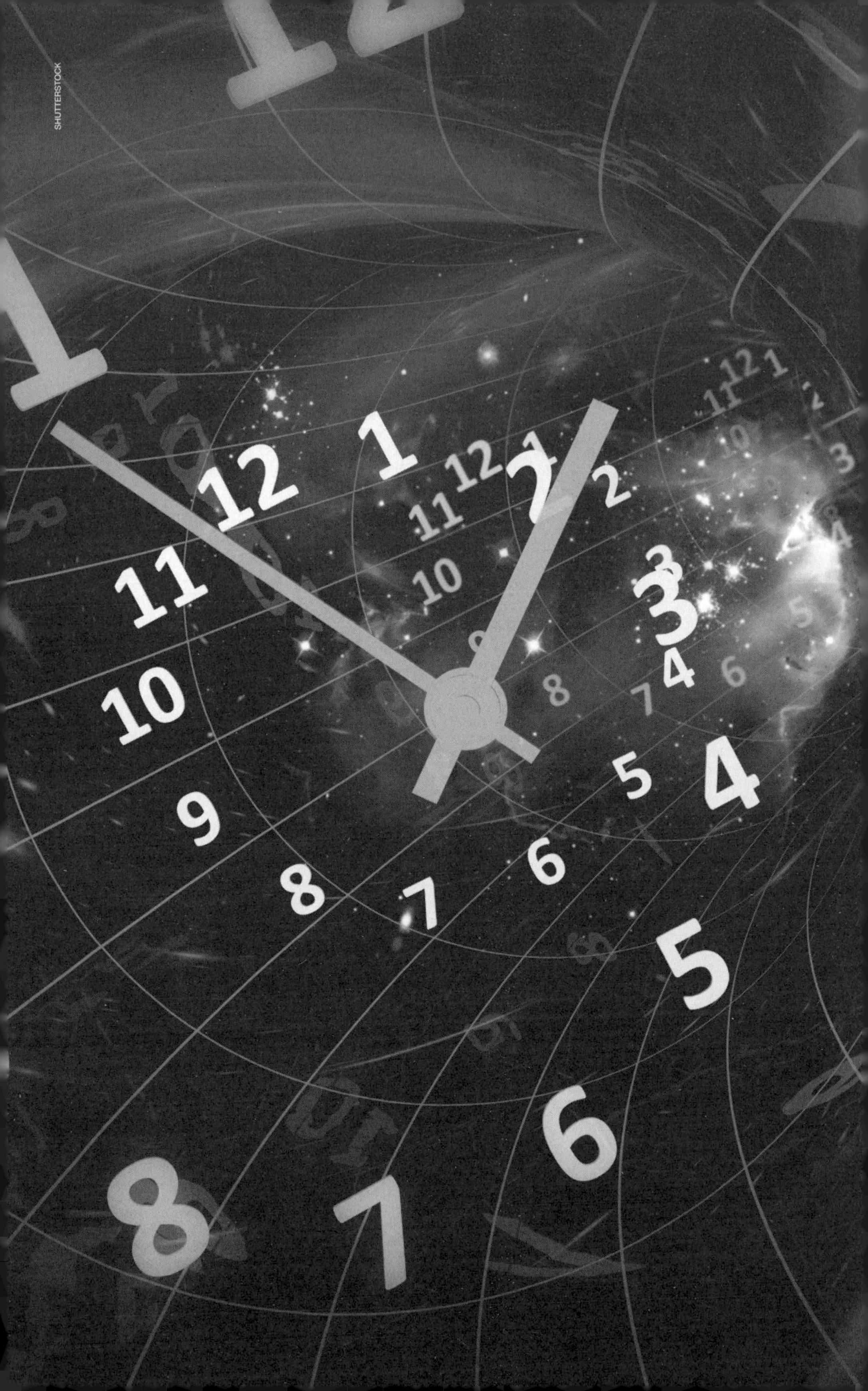

SHUTTERSTOCK

Todo en el universo está hecho de espaciotiempo clásico y de campos cuánticos. Esta frase resume el legado más fascinante de la Física del siglo XX. La Física estudia la realidad, pero los físicos debemos ser honestos y reconocer que no sabemos qué es la realidad verdadera ni nunca lo sabremos. La razón es sencilla, solo se puede conocer lo que se puede explorar con experimentos y observaciones, la llamada realidad física. Objetos descubiertos en el siglo XX, como las galaxias, los superconductores o el grafeno, no existían en la realidad física antes de 1900. De hecho, a mediados del siglo XX la realidad física estaba hecha de partículas como el electrón, el protón y el fotón; se ignoraba que el protón era una partícula compuesta y se creía que el espaciotiempo era un objeto matemático sin realidad física. Todo cambió en la segunda mitad del siglo XX, cuando se desveló que las partículas son un epifenómeno derivado de los campos cuánticos; además, se observaron las ondas gravitacionales y los agujeros negros, lo que elevó el espaciotiempo a algo real. Así, en el siglo XXI la realidad física está hecha de espaciotiempo en 3+1 dimensiones y de 118 campos cuánticos. Hay especulaciones científicas sobre dimensiones extra del espacio y nuevos campos cuánticos aún no observados, pero aún no forman parte de la realidad física.

Richard Phillips Feynman.

«Solo existe un único electrón en el universo, que se propaga por el espacio y el tiempo de tal forma que parece que está en muchos sitios de forma simultánea». En apariencia, esta frase carece de sentido, ya que sabemos que dos átomos separados están rodeados por electrones diferentes. Sin embargo, el físico Richard Feynman, padre de la electrodinámica cuántica en 1949, pronunció estas palabras en su discurso Nobel de 1965; relató cómo su director de tesis, John Wheeler, le deslumbró con esta idea en 1940: el campo cuántico del electrón es único. Todos los electrones son excitaciones localizadas de dicho campo electrón que se propagan en él como si fueran ondas — los diagramas de Feynman muestran partículas en interacción, pero a la hora de realizar cálculos representan propagadores de ondas—. Por ello, todos los electrones en el mismo nivel de energía de átomos diferentes son idénticos e indistinguibles entre sí. El campo cuántico es el objeto fundamental de la realidad física, un objeto que no está localizado en una cierta región del espacio, como lo están las partículas, sino que está distribuido por todo el espaciotiempo del universo.

Dualidad onda-partícula

Una partícula es una onda en un campo cuántico, pero esta idea no reivindica la dualidad onda-partícula de la física cuántica no relativista, una aproximación a la realidad que está llena de aparentes paradojas, como que una partícula puede estar en dos lugares al mismo tiempo (experimento de la doble rendija) o que una partícula puede modificar su pasado (retrocausalidad). Todas estas paradojas se resuelven usando el concepto de campo cuántico. Muchos físicos han expresado frases lapidarias como que «si usted cree que entiende la mecánica cuántica, entonces no entiende la mecánica cuántica» de Richard Feynman —frase que omite el adjetivo no relativista y

John Archibald Wheeler.

SHUTTERSTOCK

Retrato de Erwin Schrödinger junto a una ilustración de su famoso experimento mental del gato, donde el felino dentro de la caja está en superposición cuántica de sus estados vivo y muerto.

que en su contexto original abogaba por sustituir el concepto de partícula por el concepto de campo cuántico—. La física cuántica ha de ser entendida usando la teoría cuántica de campos, la versión relativista de la mecánica cuántica.

Las soluciones de la ecuación de Schrödinger que rige la formulación ondulatoria de la mecánica cuántica no relativista se llaman funciones de onda, pero no son ondas en la realidad física, ya que se puede demostrar que no son observables, luego ningún experimento las puede determinar. En la dualidad onda-partícula se asocia una función de onda a una partícula como una herramienta matemática para describir la información sobre sus estados físicos observables. Dicha función de onda no cumple con la teoría de la relatividad y permite fenómenos imposibles, como que la velocidad de una partícula sea mayor que la velocidad de la luz en el vacío, o que una partícula tenga una probabilidad mayor de cero de estar en cualquier lugar del universo. La realidad física que nos muestra la Naturaleza es relativista y debe ser descrita con una mecánica cuántica relativista, es decir, con la teoría cuántica de campos. Gracias a ella se resuelven todas las paradojas contraintuitivas de la mecánica cuántica no relativista. A pesar de ello, el físico debe educar su intuición física para entender y aceptar las leyes de la física cuántica, que van más allá de la intuición cotidiana aprehendida en un mundo macroscópico regido por la física clásica.

El concepto de campo

En la mecánica newtoniana todas las fuerzas son debidas al contacto entre los cuerpos, salvo la fuerza de la gravitación universal que ejerce una inexplicable acción a distancia instantánea. La intuición de Newton a finales del siglo XVII, según sus cartas a colegas, era que el universo estaba relleno de un campo de fuerza que explicaba la gravedad. Pero como no había ninguna prueba de su existencia, se limitó a escribir al respecto su famoso «hypotheses non fingo» (en latín «no propongo ninguna hipótesis») en un apéndice a la tercera edición de sus

Objetos descubiertos en el siglo XX, como las galaxias, los superconductores..., no existían en la realidad física antes de 1900. Sobre estas líneas, una recreación de una futurista computadora cuántica, similar a una galaxia.

Retrato de Isaac Newton (1689) pintado por Godfrey Kneller.

Principia Mathematica. Esta idea de campo permeó la física del sonido y de los fluidos durante el siglo XVIII, pero no cristalizó hasta el siglo XIX gracias a la intuición física de Michael Faraday y a las ecuaciones de James Clerk Maxwell para el electromagnetismo. Para Maxwell, la luz era una onda en un medio material llamado «éter». La infructuosa búsqueda de indicios experimentales de la existencia del «éter» llevó a reivindicar los campos como objetos matemáticos sin realidad física.

Albert Einstein revolucionó la física al relegar el «éter» al olvido con su teoría especial de la relatividad en 1905; el mismo año propuso que el campo electromagnético era real y estaba cuantizado en paquetes de energía (cuantos de Planck) capaces de colisionar con electrones para explicar el efecto fotoeléctrico —logro que le llevó al Premio Nobel—. Einstein resolvió la gran duda de Newton en 1915 con su teoría de la gravitación, llamada teoría general de la relatividad; la gravitación es una fuerza ficticia resultado de la curvatura del espaciotiempo que no es instantánea, se propaga a la velocidad de la luz en el vacío. Einstein creía que los campos electromagnéticos son una propiedad

Albert Einstein fotografiado por Orren Jack Turner, en torno a 1947.

intrínseca del espaciotiempo, una idea que formalizó Hermann Weyl con las llamadas teorías gauge.

En oposición a Einstein, la mayoría de los físicos durante la primera mitad del siglo XX creían que los campos no eran reales, meros objetos matemáticos útiles para calcular las interacciones entre partículas. En 1949 nació la versión definitiva de la electrodinámica cuántica, la teoría cuántica de campos basada en una simetría gauge llamada U(1) que describe el electromagnetismo; la teoría más exitosa y precisa de toda la Física, ya que sus predicciones coinciden con los experimentos hasta en doce dígitos significativos (para el momento magnético anómalo del electrón). Esta teoría se generalizó a otras simetrías gauge como SU(2) y SU(3) gracias a las llamadas teorías de Yang–Mills, que condujeron al nacimiento del modelo estándar de la física de partículas en 1974. Se explican tres de las cuatro interacciones fundamentales conocidas usando los grupos gauge U(1) para el electromagnetismo, SU(2) para la interacción débil, que es responsable de la física de los neutrinos, y SU(3) la interacción fuerte, que explica la composición interna del protón y del

109

EL MODELO ESTÁNDAR DE LA FÍSICA DE PARTÍCULAS

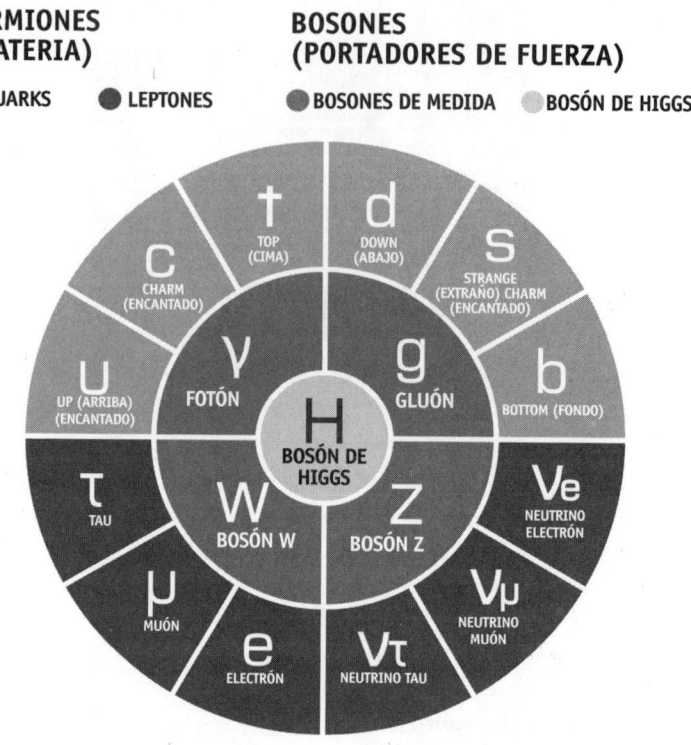

neutrón; solo la gravitación está más allá del modelo estándar. Muchos físicos entendían el modelo estándar al hilo del «¡cállate y calcula!» de David Mermin en 1989 y creían que la realidad física estaba hecha de partículas, aunque realizaran sus cálculos usando ondas en campos cuánticos.

La realidad física de los campos cuánticos

Los campos cuánticos descritos por el modelo estándar son los objetos fundamentales que describen la realidad física y como tales son reales, pero no pueden ser explicados usando objetos aún más fundamentales. Podemos explicar de qué está hecho un átomo (electrones ligados a un núcleo mediante el campo electromagnético), porque no es un objeto fundamental —a pesar de su nombre, que significa indivisible—. Los campos cuánticos son indivisibles, son los verdaderos «átomos» de la realidad física actual. Podemos intuir lo que son los campos cuánticos usando nuestra intuición para los campos clásicos en un medio material, como la temperatura o la velocidad del aire en una habitación, pero dicha intuición es engañosa. No hay un medio material que soporte los campos cuánticos, que están imbricados en el espaciotiempo como si fueran una propiedad intrínseca del propio espaciotiempo, como intuía Einstein —aunque le desagradaba la física cuántica y solo concebía campos clásicos—.

Todos los campos cuánticos del modelo estándar tienen dos tipos de estados físicos: vacío y partículas. En matemáticas se pueden concebir campos que tienen otros estados físicos —solitones, instantones, impartículas, y otros estados más exóticos—; sin embargo, todos los campos cuánticos observados en la Naturaleza solo muestran estados de vacío y partícula, sin rastro de hipotéticos estados más exóticos. Todas las partículas conocidas son ondas localizadas de un campo cuántico en una pequeña región del espacio; dicha región tiene un tamaño determinado por su longitud de onda de De Broglie, que depende del inverso de la energía de la partícula; cuando se afirma que una partícula es puntual lo que se quiere decir es que su tamaño depende de su energía. Así, un electrón ligado a un átomo es una excitación del campo del electrón con una energía tal que su tamaño es el del propio átomo; por ello es falso que un átomo está vacío porque los electrones y el núcleo sean muy pequeños, aunque el núcleo lo es. De hecho, la imagen de un electrón como una partícula puntual que orbita el núcleo es falsa de toda falsedad. Su origen son los experimentos de ionización, en los que un fotón de alta energía colisiona con un átomo para robarle un electrón que se expulsa con una energía mucho mayor y un tamaño mucho menor que los que tenía en el átomo; este tamaño es menor cuanto mayor es la energía del fotón incidente, por ello el electrón parece puntual.

Sobre estas líneas, Louis-Victor Pierre Raymond de Broglie.

El campo del electrón es fundamental, así que es imposible imaginar qué tipo de excitación es un electrón; la teoría cuántica de campos solo nos permite determinar el número de electrones que hay en una cierta región del espacio, que puede ser cero, si el campo está en su estado de vacío en dicha región, o puede ser uno, dos, tres, etc.; pero nunca puede ser un número fraccionario, que el campo es cuántico significa que no existen excitaciones de tipo medio electrón, o pi electrones; el estado de tipo partícula del campo solo puede excitar en un número natural de partículas. Lo mismo pasa con todos los estados de tipo partícula de todos los campos cuánticos del modelo estándar, es decir, todos los que hemos observado en la Naturaleza.

Resulta fascinante pensar que los físicos ignoran la naturaleza íntima de los campos cuánticos, pero saben calcular las propiedades de sus partículas y cómo les influye su estado de vacío con gran precisión. El físico educa su intuición física para asimilar el concepto de campo cuántico en la línea del «¡cállate y calcula!»; las predicciones de la teoría de campos cuánticos tienen tal acuerdo con los experimentos y las observaciones

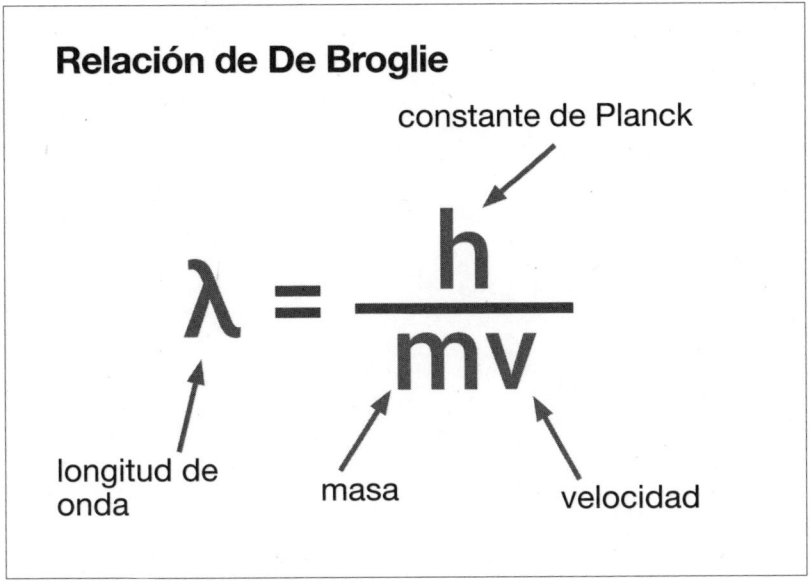

que abruma. Sin embargo, debemos aceptar que, siendo conceptos fundamentales de nuestra realidad física, por definición, no podemos explicar por qué son como son recurriendo a conceptos más fundamentales. La Física es fascinante porque nos confronta con lo incognoscible; y porque confiamos que, algún día, el progreso de la Física desvele la existencia de entes físicos más fundamentales que los campos que nos permitan explicar por qué la teoría cuántica de campos describe casi a la perfección la Naturaleza observada.

A los lectores que quieran profundizar en estas ideas les recomiendo el apasionante libro de Wouter Schmitz, *Particles, Fields and Forces. A Conceptual Guide to Quantum Field Theory and the Standard Model*, Springer (2019).

EL EFECTO TÚNEL
Traspasando paredes

ALBERTO CASAS
Profesor de Investigación en el Instituto de Física Teórica,
IFT-UAM/CSIC

abemos por experiencia que si lanzamos una pelota contra un muro, la pelota rebotará. Nunca vemos que atraviese la pared como un fantasma y aparezca al otro lado. Sin embargo, cuando realizamos un experimento semejante en el mundo microscópico, las cosas son diferentes. Por ejemplo, al lanzar electrones sobre barreras de energía microscópicas, en muchos casos, aunque la partícula no tenga energía para superar la barrera, a menudo sucede que la atraviesa limpiamente y aparece al otro lado.

Este es el «efecto túnel», una de las consecuencias más asombrosas de la mecánica cuántica. Recibe este nombre porque parece como si la barrera tuviera un agujero o túnel por donde pasara la partícula. Para discutir cómo tiene lugar, vamos a considerar un modelo simplificado, pero que capta todas las sutilezas del fenómeno. En este modelo la barrera está representada por una región con un potencial V. Esto es equivalente a una «montaña rectangular» con una cierta altura, de forma que la partícula necesita una energía V para superarla. Si lanzamos una partícula desde la izquierda con una energía menor, $E < V$, entonces la «intuición clásica» nos dice que no podrá superar la barrera, por lo que, al igual que la pelota anterior, rebotará.

Analicemos ahora el problema usando la mecánica cuántica. En primer lugar, hemos de describir el estado cuántico de

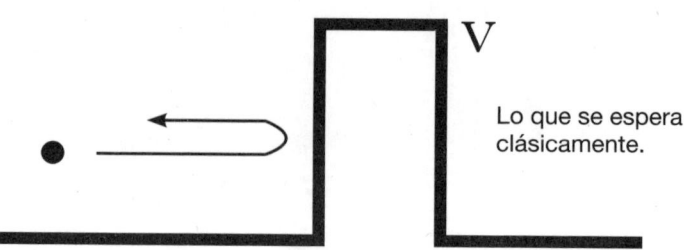

Lo que se espera clásicamente.

la partícula que incide sobre la barrera. Una forma conveniente de hacerlo es mostrar la función de onda correspondiente. La función de onda de una partícula, $\psi(x)$, toma un valor en cada punto (x) del espacio. Y ese valor (más exactamente su cuadrado, $\psi(x)^2$) nos proporciona la probabilidad de que, si medimos la posición de la partícula, la encontremos en dicho punto. ¿Cómo es la función de onda de nuestra partícula?

Nuestra hipótesis es que la partícula incidente posee una energía bien definida, E, menor que la altura energética de la barrera, $E < V$. Dado que para una partícula libre toda la energía es puramente cinética, la partícula tiene una velocidad bien definida. Según los postulados de la mecánica cuántica, la función de onda correspondiente tiene una forma parecida a una cuerda infinita agitada por una oscilación a lo largo de toda su longitud:

Una función así se denomina *onda plana*. Su característica más importante es la longitud de onda, o sea la distancia entre dos picos o dos valles, indicada con la letra griega λ en la figura. El valor de λ depende de la velocidad de la partícula: cuánto mayor sea esta, más pequeña es λ.

Si la intuición clásica fuera correcta, esta onda plana incidente debería reflejarse completamente en la barrera. Sin

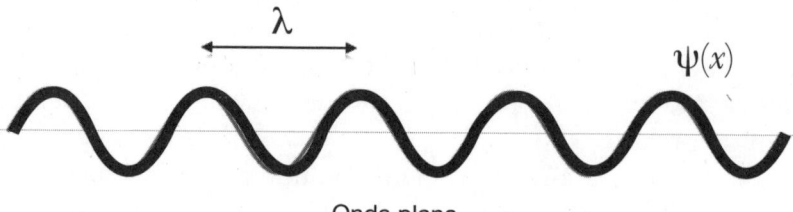

Onda plana.

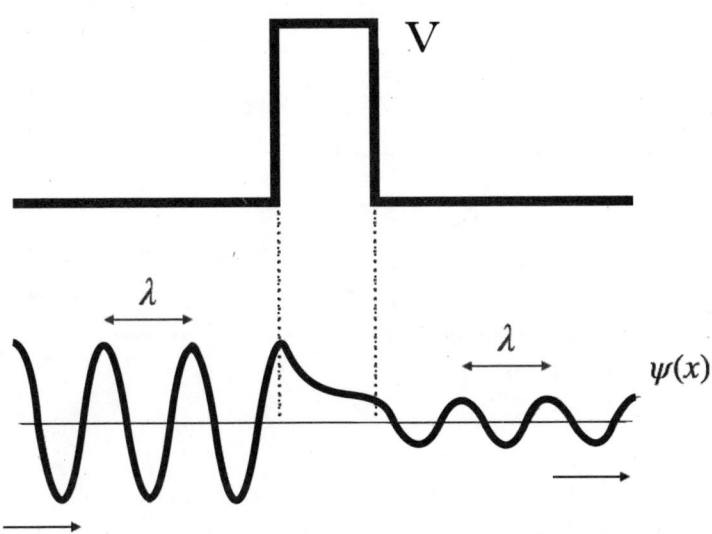

Función de onda de una partícula atravesando una barrera.

embargo, *no* es esto lo que sucede. Para estudiar la evolución de un sistema en mecánica cuántica se utiliza la llamada ecuación de Schrödinger, que describe cómo cambia con el tiempo la función de onda, $\psi(x)$. Y cuando se aplica esta ecuación a la función de onda de nuestro problema se encuentra que, efectivamente, una parte de ella se refleja, pero no toda. La parte restante atraviesa la barrera y aparece al otro lado, como ilustra el diagrama.

Profundicemos un poco en el significado de la figura. Dado que el cuadrado de la función de onda, $\psi(x)^2$, proporciona la probabilidad de encontrar la partícula en un punto, la primera conclusión es que es posible detectarla a la derecha de la barrera, ya que $\psi(x)$ es allí distinta de cero. De hecho, tiene una forma semejante a la función de onda incidente (una onda plana), pero con menor «amplitud de oscilación». Esto se debe a que solo una parte de la función de onda incidente se transmite, el resto se refleja. Sin embargo, la longitud de onda,λ, *es la misma* para la función de onda incidente y para la transmitida. Dado que la longitud de onda está relacionada con la velocidad de la partícula, la conclusión es que la

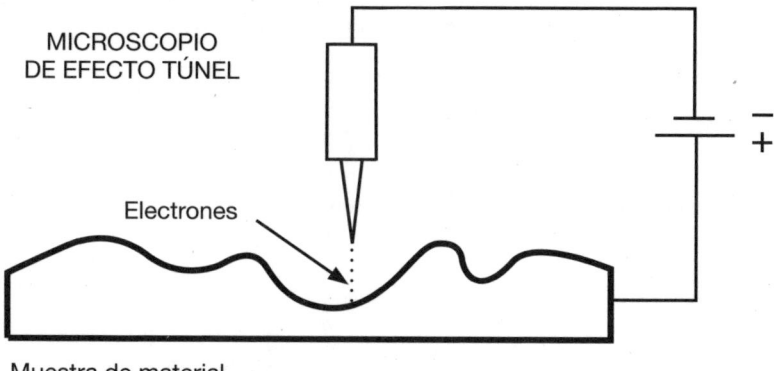

MICROSCOPIO
DE EFECTO TÚNEL

Electrones

Muestra de material

velocidad de la partícula es igual a ambos lados de la barrera. En otras palabras, cuando la partícula lleva a cabo la hazaña de atravesar la muralla, lo hace «sin despeinarse», sin perder nada de su velocidad inicial.

PROBABILIDAD DE TRANSMISIÓN

La probabilidad de transmisión, es decir, de que se produzca este «mágico» efecto túnel, es mayor cuanto mayor sea la amplitud de la función de onda al otro lado de la barrera. Como se aprecia en la figura, esa amplitud depende de forma muy sensible de la altura energética de la barrera, V, y de su anchura. Esto se debe a que dentro de la barrera la función de onda disminuye, y lo hace de forma exponencial.

Para situaciones microscópicas, en las que la altura y anchura de la barrera son pequeñas, la probabilidad de transmisión puede ser muy alta. Sin embargo, en situaciones cotidianas, donde las energías en juego y la anchura de las barreras son mucho mayores, la probabilidad de transmisión es ridículamente pequeña. Por tanto, aunque estuviéramos todo el tiempo lanzando pelotas contra la pared, tendría que pasar un número colosal de trillones de años, para que, con suerte, pudiéramos ver el fenómeno alguna vez. Sin embargo, en el mundo microscópico, lo observamos todos los días.

Gerd Karl Binnig.

Todo lo anterior es lo que nos predice la mecánica cuántica. Y los experimentos se ajustan a la perfección a esas predicciones. Sin embargo, el sentido común parece indicarnos que hay algo contradictorio en todo este planteamiento. Podríamos pensar de la siguiente forma: «Si la partícula incidente aparece al otro lado de la barrera, es que en algún momento ha atravesado la zona del muro. Pero para estar en dicha zona se necesita como mínimo una energía igual al potencial del muro, $E \geq V$. Esto parece contradecir nuestra hipótesis de partida de que la energía E es menor que V. Por tanto, la presencia de la partícula en la zona de la barrera debería estar prohibida en todo momento. Entonces, dado que la partícula no puede atravesar la zona de la barrera, tampoco debería poder acceder al otro lado de ella».

Hay que admitir que el hecho es, cuanto menos, sorprendente; sin embargo, a pesar de las apariencias, no hay contradicción lógica. El punto importante es tener claro qué significa la «probabilidad de presencia» en física cuántica. *No* es una medida de nuestra ignorancia. O sea, no es que la partícula esté «realmente» en algún punto pero nosotros ignoremos cuál es. Si fuera así, la partícula debería, efectivamente, pasar en algún momento por una zona prohibida energéticamente. Sin embargo, la partícula *no tiene* en ningún momento una posición definida, ya que su función de onda no está concentrada en un punto, sino extendida.

Extravagante para el «sentido común»

¿Qué significa entonces esa probabilidad de presencia no nula dentro de la barrera? Exactamente, que *si medimos la posición de la partícula,* hay una cierta probabilidad de que esta se materialice en esa zona. Es solo en ese momento cuando podríamos decir propiamente que la partícula está dentro de la barrera. Aun así, el hecho resulta paradójico. Al fin y al cabo, habríamos «cazado» a la partícula en el interior de la barrera, en flagrante violación de la conservación de la energía..., pero no hay tal violación. Lo que sucede en ese caso es que, en el proceso de medida, la partícula interactúa con el aparato de medición, de forma que se produce una transferencia de energía entre ellos; y ese aporte extra de energía es el que permite la materialización de la partícula en la zona de la barrera. Como sucede a menudo con la mecánica cuántica, la teoría parece jugar a violar principios muy arraigados, como el de la conservación de la energía, o incluso la pura lógica. Sin embargo, al final, no hay violación ni contradicción alguna, por más que la situación resulte extravagante para el «sentido común».

Es interesante mencionar que hay una relación directa entre el efecto túnel y el principio de incertidumbre. Este último nos dice que una partícula no puede tener bien definida la velocidad y la posición al mismo tiempo. Nuestra partícula posee una energía, y por tanto una velocidad, bien definidas. En consecuencia no puede tener bien definida la posición. De ahí que su función de onda esté extendida e incluso «penetre» en zonas prohibidas clásicamente, como el interior de la barrera.

Microscopio de efecto túnel

Para finalizar, discutamos el microscopio de efecto túnel, desarrollado en 1981 por los alemanes Gerd Binnig y Heinrich Rohrer, una de las aplicaciones más espectaculares de este fenómeno.

El microscopio está formado por una punta de un material conductor (tungsteno, platino-iridio u oro) extremadamente afilada. La punta se acerca al material que se quiere observar

0.5 nm

Átomos de grafito.

a una distancia de unas pocas diezmillonésimas de milímetro, apenas mayor que el tamaño de un átomo; lo cual, dicho sea de paso, requiere una mecánica extraordinariamente precisa. Entonces, entre la punta y el material estudiado se establece desde el exterior una diferencia de potencial. Si esta es muy grande, los electrones saltan espontáneamente desde la punta al material, se produce una chispa y se genera una corriente eléctrica en el circuito. Pero si disminuimos la diferencia de potencial, la atracción electrostática no es suficiente para que los electrones venzan la fuerza de ligadura que los mantiene unidos a los átomos del metal. En otras palabras: los electrones tendrían que atravesar una barrera energética, aparentemente insuperable, que se extiende entre la punta y el material.

Sin embargo, como hemos visto, la mecánica cuántica ofrece a los electrones una esperanza de superar esa barrera, gracias al efecto túnel. El número de electrones que lo consigue (y por tanto la magnitud de la corriente) depende de forma ultrasensible de la distancia entre la punta y el material. Pequeñísimas variaciones de esta se traducen en cambios sustanciales

123

en la probabilidad de que los electrones superen la barrera, y, por consiguiente, en la corriente eléctrica que se establece.

A continuación, se «pasea» la punta sobre la muestra de material, con lo que la magnitud de la corriente va cambiando, dependiendo del relieve de su superficie. De esta manera, se cartografía ese relieve hasta límites de precisión extraordinarios. El resultado son unas imágenes con una resolución tan extrema que se observan perfectamente los átomos individuales del material. El ejemplo de la foto es una superficie de grafito, o sea el material de la mina de un lápiz, vista por un microscopio de efecto túnel, en la que se aprecian con claridad los átomos de carbono formando una red cristalina.

No existe ningún instrumento de observación que se pueda comparar en resolución al microscopio de efecto túnel. A veces se dice que la mecánica cuántica es una teoría frustrante porque establece limitaciones a nuestro conocimiento sobre la naturaleza, aludiendo al principio de incertidumbre. Pero la realidad es que la mecánica cuántica no solo nos ha proporcionado un conocimiento muchísimo más profundo sobre cómo funciona la naturaleza, sino que nos ha permitido diseñar instrumentos para explorarla de forma más eficaz y precisa.

EXPERIMENTOS CUÁNTICOS

ENRIQUE F. BORJA
Dr. Física Teórica y divulgador Científico

Ilustración de
un experimento
que representa la
desintegración de un
núcleo.

L a formulación final de la mecánica cuántica se puede considerar madura entre los años 20 y 30 del pasado siglo xx. Durante este siglo, la cuántica nos ha sorprendido en innumerables ocasiones con predicciones de fenómenos que distan mucho de nuestras vivencias cotidianas. Y durante todo ese tiempo hemos puesto en jaque a la mecánica cuántica diseñando experimentos en los que se buscaba, y se sigue buscando, una brecha por la cual mostrar que la cuántica no es la última palabra. No hemos encontrado ninguna de esas brechas buscadas.

Este es el día a día en ciencia, uno tiene teorías y modelos que predicen el comportamiento de los sistemas en tal o cual fenómeno y esto se ha de someter al escrutinio experimental. Respecto a la cuántica, hay poca duda de su potencia a la hora de explicar fenómenos y de predecir resultados experimentales. Con la cuántica hemos aprendido a entender la materia a un nivel de precisión inimaginable un siglo atrás. También hemos desarrollado tecnologías que han cambiado nuestras vidas y, sin duda, lo seguirán haciendo por mucho tiempo.

Dudar de nuestras teorías

En sentido estricto tenemos evidencias experimentales de lo acertado de la cuántica cada vez que usamos nuestros

ASC

Un estudiante graduado alinea un láser para un experimento de procesamiento de información cuántica de trampa de iones en el laboratorio gubernamental NIST con sede en Boulder (EE. UU.).

dispositivos electrónicos. Cada vez que notamos que los objetos a nuestro alrededor son sólidos. Cuando vemos las líneas espectrales de la luz capturada de alguna estrella lejana. Cuando se estudian los sucesos en las colisiones de nuestros aceleradores de partículas. La lista es interminable y, sin embargo, no es totalmente satisfactoria.

La obligación última en ciencia es la de dudar de nuestras teorías. En ciencia, lo interesante es contrastar los datos experimentales, que es como nos habla la naturaleza, con las predicciones teóricas. Así podemos llevar al límite nuestras teorías y confiar en ellas tanto en cuanto no somos capaces de encontrar fenómenos experimentales que no podemos explicar con ellas.

Esto último ha sido especialmente crítico en cuántica por varios motivos. Por un lado, porque la teoría está completamente alejada de nuestras intuiciones físicas y tenemos graves problemas para interpretar sus resultados. Por otro lado, los requisitos técnicos para llevar a cabo experimentos en los que realmente estemos convencidos de que estamos midiendo justo lo que queremos medir para explorar el rango cuántico de la naturaleza son extremadamente exigentes.

Afortunadamente, estamos viviendo en una época dorada en este tema. La tecnología se ha desarrollado lo suficiente como para poder diseñar experimentos que antes solo podían ser imaginados, los famosos experimentos mentales (en física se suele hablar de los *gedankenexperiment*). Y esto no se circunscribe únicamente a la cuántica, también estamos viviendo una total revolución en nuestra capacidad de desafiar a la relatividad general en astronomía y astrofísica gracias a tecnologías como la óptica adaptativa y, cómo no, a la posibilidad real de observar ondas gravitacionales.

Seguro que no es una sorpresa que a lo largo del siglo de vida que ha tenido la cuántica se han realizado innumerables experimentos. Podemos decir con total confianza de que la cuántica los ha superado todos. En este artículo vamos a describir los dos experimentos más emblemáticos de la cuántica. Para justificarnos vamos a recurrir a dos voces autorizadas, la de Richard Feynman y la de Erwin Schrödinger, dos de los físicos que contribuyeron de forma más determinante en la puesta de largo de la mecánica cuántica como marco conceptual de la física.

Richard Feynman, en sus *Lecciones de Física*, escribió sobre el experimento de la doble rendija donde dijo:

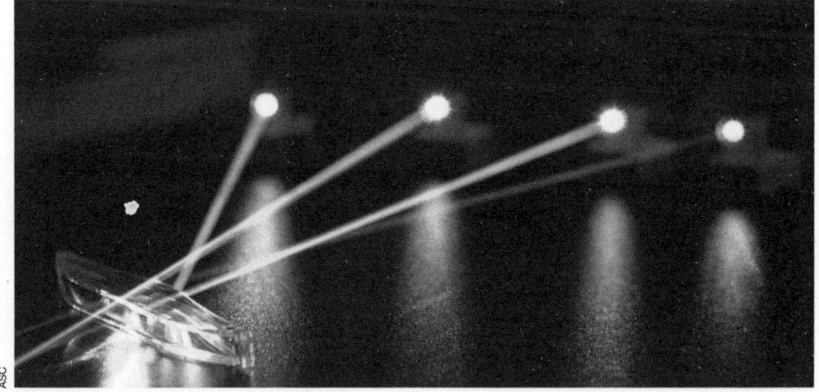

Experimento en el laboratorio de fotónica con láseres rojos.

Sobre estas lineas, el físico teórico irlandés John Bell posando en el
CERN en junio de 1982.

—*Examinaremos un fenómeno que es imposible, absolutamente imposible, de explicar de algún modo clásico y que contiene el corazón de la
mecánica cuántica. En realidad, contine el único misterio*—.

Quizás se vino un poco arriba porque hay otro fenómeno
que es más cuántico, si cabe, que el de la doble rendija. Ese
no es otro que el entrelazamiento del que Schrödinger dijo en
su artículo «Discusión de las relaciones de probabilidad entre
sistemas separados»:

—*Yo no lo identificaría como «un» sino «el» rasgo característico de la
mecánica cuántica, el que contiene enteramente su diferenciación de las
líneas de pensamiento clásicas. Mediante la interacción, los dos represen-
tantes o funciones de onda han quedado entrelazados*—.

Comencemos por el entrelazamiento porque posteriormente haremos uso de él para hablar del experimento de la doble rendija. El entrelazamiento no es otra cosa que correlaciones que se dan entre sistemas físicos que se nos antojan independientes y que pueden estar muy alejados el uno del otro (y esto es un punto importante). Pero empecemos comentando lo que «no» es el entrelazamiento. Supongamos que tenemos a Alicia y a Berto como dos avezados físicos experimentales que están muy alejados el uno del otro. Y supongamos que tenemos a Carla que va a preparar un experimento. Carla tiene una bola negra y una bola blanca. Carla mete estas bolas en sendas cajas que envía a Alicia y a Berto. La «magia», que no es tal, es que cuando Alicia abra su caja, y conocedora de las condiciones experimentales, podrá deducir de qué color es la bola que contiene la caja de Berto y viceversa. Aquí no hay nada sorprendente, no hay nada cuántico. Evidentemente, si sabemos que tenemos una bola blanca y una bola negra, si en nuestra caja vemos la bola blanca, sabemos que en la otra está la bola negra. No hay más que hablar.

Pero el entrelazamiento cuántico es una situación mucho más desquiciante que esta. En cuántica, las propiedades físicas de los sistemas no suelen estar bien definidas porque podemos tener estados superpuestos. Seamos más precisos en esto. Ahora Carla tiene un sistema cuántico en el que podemos medir su valor y solo podemos obtener el resultado blanco o negro. Pero Carla puede preparar el sistema de forma que esté en una combinación de estos dos estados, lo que representamos por:

$$|\psi\rangle = c_1 |blanco\rangle + c_2 |negro\rangle$$

Si Alicia recibe este sistema cuántico, la teoría nos dice que no tiene un valor definido hasta que no se haga una medida en el mismo. Cuando Alicia mire, observará que su sistema es blanco o negro con una determinada probabilidad que vendrá dada por el (módulo) cuadrado del coeficiente que acompaña a cada término en la combinación anterior. Evidentemente, un requisito cuántico para definir estados es que la suma de los (módulos) cuadrados de los coeficientes sea igual a 1, esto nos permite interpretar estos cuadrados como probabilidades.

Ahora supongamos que estamos en una situación experimental como la que hemos descrito antes, pero con dos sistemas cuánticos en los que podemos medir su color y que Carla le envía uno a Alicia y otro a Berto. Aquí podemos tener, entre otras, estas opciones para el estado del conjunto de los dos sistemas:

$$|\psi\rangle = c_1|AB,BB\rangle + c_2|AB,BN\rangle + c_3|AN,BB\rangle + c_4|AN,BN\rangle$$

Esto se lee Alicia/Mide Blanco = AB, Berto/Mide Blanco = BB, etc.

$$|\Phi\rangle = a_1|AB,BN\rangle + a_2|AN,BB\rangle$$

Estos dos estados son estados aceptables de estos dos sistemas, pero son estados muy diferentes. Imaginemos que Carla ha enviado sus cajas con sus sistemas cuánticos en el estado $|\Phi\rangle$. A la vista de este estado, Alicia no puede saber de ningún modo qué resultado va a obtener antes de medir, puede salirle blanco o negro, eso se realizará en la medida experimental. En la misma situación está Berto. Pero es más, supongamos que Alicia mide y encuentra que su sistema es blanco, ¿puede deducir lo que le va a salir a Berto? Fijaos en el estado y veréis que si a Alicia le ha salido blanco, el sistema de Berto aún le puede salir blanco o negro. Así que Alicia no gana ninguna información sobre el sistema de Berto al efectuar su medida.

La situación es diametralmente opuesta si Carla ha enviado sus cajas con sus sistemas cuánticos preparados en el estado $|\Phi\rangle$. En esta ocasión tampoco es posible, ni para Alicia, ni para Berto, saber qué resultado de la medida sobre sus sistemas van a obtener. Puede salirles blanco o negro con una determinada probabilidad. Pero, ojo, ahora saben que hay una correlación entre sus resultados. Si a Alicia le sale blanco a Berto le saldrá negro y viceversa. Pero todo ello se plasma físicamente solo en el momento de la medida, los sistemas no son ni blancos ni negros hasta que no se efectúa una medida. Lo único que sabemos es que las medidas estarán correlacionadas. Este es un estado entrelazado cuántico para estos sistemas.

Cuando se descubrió esto, surgió una duda atroz entre los padres de la mecánica cuántica. Esta duda es complicada de explicar y de entender, pero afortunadamente podemos simplificarla para tener la opción de vislumbrar lo peliagudo de la cuestión. La pregunta que se hicieron fue: ¿cómo podemos estar seguros cuando hagamos este experimento de que la naturaleza sí sabe que los sistemas siempre tienen la propiedad de su color bien definida? ¿Cómo distinguimos entre la primera versión, la clásica, del experimento y la segunda, la cuántica?

La respuesta a estas preguntas, que se formularon sobre la década de los años 30 del pasado siglo, estuvo mucho tiempo en el ámbito de la especulación física y filosófica. Pero en los años 60, John Bell, un físico de partículas irlandés que trabajaba en el CERN, dio la clave para poder testear estas cuestiones experimentalmente. Bell estudió cómo serían las correlaciones entre sistemas clásicos y los sistemas cuánticos entrelazados cuando se podían medir varias características físicas a voluntad por parte de los experimentadores. En nuestro ejemplo solo hemos medido el color, pero Bell generalizó esto para medidas de más cosas. Y encontró que en esta situación las predicciones clásicas, asumiendo que todo está bien determinado siempre, y las cuánticas, que las magnitudes físicas toman valores determinados solo al medirlas, eran diferentes. Bell demostró esto como un teorema y encontró unas desigualdades que ahora llevan su nombre. Si la naturaleza es clásica y todo está determinado, los datos experimentales son consistentes con las desigualdades de Bell. Si la naturaleza es cuántica, las desigualdades de Bell no se respetan.

En 2022, el Premio Nobel de Física ha recaído en tres de los primeros físicos que trabajaron en los aspectos experimentales del entrelazamiento. Hacer estos experimentos no es sencillo porque hay que cuidar muy bien que no haya resquicios en la ejecución de los mismos que confundan la interpretación de los datos experimentales.

Arriba, el físico francés Alain Aspect; arriba a la derecha, el físico cuántico austriaco Anton Zeilinger; a la derecha, el físico John F. Clauser, ganadores del Nobel de Física en 2022.

Pasemos a los experimentos de doble rendija. La cuántica nos dice que cuando una partícula es lanzada contra dos rendijas minúsculas y bien separadas entre sí, al poner un detector tras las rendijas veremos aparecer un patrón de interferencia. Es decir, veremos zonas en las que llegan las partículas y otras zonas en las que nunca llegan las partículas. Esto será así aunque lancemos las partículas una a una. La clave de esto es que la cuántica nos dice que no podemos saber qué camino ha tomado una partícula para ir de la fuente al detector, así que hemos de considerar todas las posibilidades. Por tanto, el formalismo tiene en cuenta que las partículas individuales pasan por las dos rendijas a la vez y, por tanto, interfieren igual que lo haría cualquier onda. Pero lo más curioso es que nosotros detectamos las partículas como entidades completas, es decir, al detectarlas se comportan como entes localizados pero al pasar por las rendijas como entes deslocalizados capaces de interferir.

Estos experimentos se han realizado lanzando, uno a uno, electrones, con neutrones, con moléculas de un tamaño aceptable y siempre se ha encontrado el resultado predicho por la cuántica. Pero, lo más loco de todo es que si en nuestro dispositivo experimental tenemos la posibilidad de medir de algún modo por la rendija que ha pasado la partícula, el patrón de interferencia desaparece y solo veremos que llegan partículas en las zonas del detector enfrentadas a las rendijas. Es decir, que solo con la posibilidad de conocer la rendija por la que ha pasado la partícula destruye la interferencia.

Un detalle importante es que en estos experimentos se tiene especial cuidado en asegurar que solo hay una partícula en juego en cada prueba experimental. Es decir, se lanza una partícula a las dos rendijas y se detecta tras ellas y luego se lanza la siguiente y así sucesivamente. El efecto de la interferencia no está asociado a que interfieran distintas partículas en vuelo, sino que es un efecto cuántico puro. Estos experimentos nos muestran indefectiblemente que la superposición, la combinación de pasar por la rendija 1 y la rendija 2, es un hecho intrínseco a la descripción cuántica de la naturaleza.

Es más, hay experimentos de doble rendija que usan partículas entrelazadas. Se crea un par entrelazado y un miembro del par se lanza contra las rendijas y el otro, que se mueve en dirección contraria, va a un detector. Lo que se verifica experimentalmente es que las partículas que no pasan por la doble rendija ¡también presentan un patrón de interferencia! Y, por supuesto, si diseñamos algún método de poder deducir por cuál de las rendijas han pasado las partículas, el patrón desaparece. El ejemplo arquetípico de estos experimentos son los realizados por Birgit Dopfer en el grupo de Anton Zeilinger presentados en 1998.

Conocer más y mejor estos fenómenos nos permitirá avanzar en nuevas tecnologías como los ordenadores cuánticos que dependen crucialmente de la superposición de estados cuánticos y el entrelazamiento.

El gato de Schrödinger

Avelino Vicente
Investigador Ramón y Cajal
en el Instituto de Física Corpuscular (CSIC - U. Valencia)

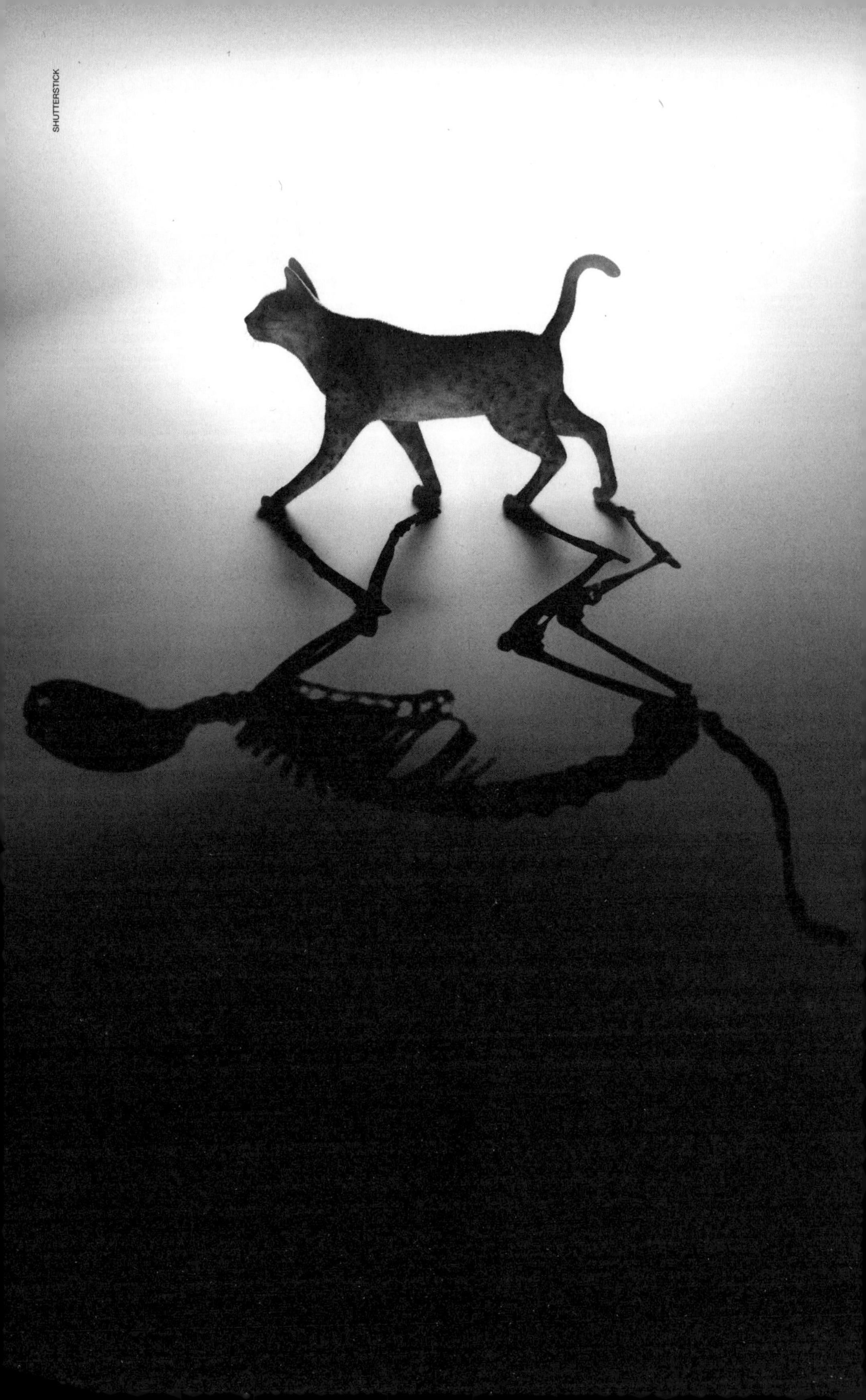

SHUTTERSTICK

C reo que puedo decir con seguridad que nadie entiende la mecánica cuántica», afirmó en cierta ocasión el célebre físico estadounidense Richard Feynman. Si bien es cierto que Feynman era un provocador nato, también lo es que sus observaciones solían ser bastante lúcidas. Lo que Feynman pretendía poner de relieve con esta frase es la dificultad de la mente humana para aceptar la mecánica cuántica. Cuanto más se piensa en ella, más marciana parece. Desafía nuestra intuición y pone patas arriba lo que pensábamos sobre el mundo que nos rodea. Y esto es así porque la física cuántica supone una ruptura radical con la física clásica, a la que estamos más acostumbrados debido a que se encuentra presente en nuestro día a día. Es fácil convencernos de la relación entre fuerzas y aceleraciones de la mecánica de Newton, porque nos hemos educado con ella y algún que otro empujón nos habremos llevado ocasionalmente. Sin embargo, no es tan sencillo tener una idea intuitiva sobre el entrelazamiento cuántico, un concepto que conocemos solamente a través de los libros.

MÁS ALLÁ DE LAS ECUACIONES

A finales de los años 20, teníamos todas las cartas sobre la mesa. Tras los trabajos fundamentales de Schrödinger y Heisenberg,

A la izquierda, el físico Richard Feynman. A la derecha, John von Neumann.

así como las aportaciones cruciales de otros teóricos como Pauli, Born o Bohr, la mecánica cuántica estaba ya tomando su forma final. Esto se consiguió definitivamente a principios de los años 30, cuando entre Dirac y Von Neumann establecieron un conjunto de postulados matemáticos sobre los que asentar la teoría. Fue un periodo extraordinario, caracterizado por una gran efervescencia de ideas. Ahora bien, una vez encontradas las ecuaciones matemáticas que gobiernan el mundo microscópico había que interpretarlas. ¿Qué significan? ¿Cómo se relacionan con la realidad física? ¿Y qué nos dicen sobre dicha realidad?

Si bien había cierto consenso sobre las ecuaciones de la mecánica cuántica, no lo había en absoluto sobre qué nos decían dichas matemáticas sobre la realidad física. Son bien conocidos los brillantes debates que mantuvo el alemán Albert Einstein con su adversario intelectual, el danés Niels Bohr, con cuya revolucionaria visión del mundo cuántico no estaba de acuerdo. Eventualmente, fueron las ideas de Bohr las que prevalecieron. No es fácil determinar la razón y probablemente no haya una sino varias. Para empezar, los

VII Conferencia de Física de Solvay en Bruselas (1933).
Se reunieron entre otros: Ernest Lawrence, Ernest Rutherford, James
Chadwick, Niels Bohr, Werner Heisenberg, Lise Meitner, James Chadwick,
Albert Einstein, Marie Curie, Irene Joliot-Curie, Paul Langevin,
Patrick Blackett, Edmond Bauer y John Cockcroft.

planteamientos de Bohr eran más sencillos. Si bien reque-
rían dar un salto conceptual tremendo, una vez aceptados
permitían interpretar las ecuaciones de la mecánica cuántica
de una forma mucho más simple y directa. Esta cualidad, la
sencillez, es muy apreciada en la física teórica. Por otro lado,
Bohr había convertido Copenhague en la capital mundial de
la mecánica cuántica, rodeándose de un buen número de investigadores sobre los que ejerció una gran influencia intelectual. Entre ellos destacaba su discípulo Werner Heisenberg,
otra figura central en la creación de la mecánica cuántica.
Finalmente, el magnetismo personal del propio Bohr posiblemente también tuvo algo que ver.

Sea por una razón u otra, la interpretación de la escuela
de Bohr, conocida como la interpretación de Copenhague, se
convirtió en la más popular dentro de la comunidad científica.
Impregnó numerosos tratados escritos en las décadas decisivas
que siguieron a la creación de la teoría e influyó en generaciones de nuevos físicos, que se formaron en ella. Hoy en día

Neils Bohr (izda.) convirtió Copenhague en la capital mundial de la mecánica cuántica, rodeándose de investigadores sobre los que ejerció una gran influencia intelectual. Entre ellos, su discípulo Werner Heisenberg (dcha.), otra figura central en la creación de la mecánica cuántica.

se suele hablar de la mecánica cuántica y la interpretación de Copenhague como dos conceptos indistinguibles.

LA SUPERPOSICIÓN CUÁNTICA

Centrémonos ahora en uno de los conceptos más importantes de la interpretación de Copenhague: la superposición cuántica. Nos conducirá, como si de un maullido se tratara, al famoso gato de Schrödinger.

Consideremos un sistema cuántico, como un electrón u otro sistema que obedezca las leyes de la física cuántica. Supongamos que dicho sistema tiene cierta magnitud que podemos medir experimentalmente. Según la interpretación de Copenhague, hasta que no midamos dicha magnitud, su valor no estará determinado. Es más, el sistema se encontrará en todos sus posibles estados de forma simultánea hasta que lo observemos y midamos esa propiedad. A esa situación previa a la medida, en la que el sistema existe simultáneamente en

En la imagen, el físico austríaco, nacionalizado irlandés,
Erwin Schrödinger (1887-1961) quien fundó la mecánica ondulatoria,
creando la ecuación de Schrodinger. Schrödinger compartió el premio
Nobel de Física en 1933 con el físico teórico británico Paul Dirac
por su ecuación de onda.

estados en principio excluyentes entre sí, se le conoce como superposición.

Un ejemplo que ilustra perfectamente lo que acabamos de describir es un electrón en un átomo. En su movimiento alrededor del núcleo no describe trayectorias bien definidas. De hecho, su posición no está determinada, sino que el electrón está difuminado en una región que conocemos como orbital. Podríamos decir que se encuentra simultáneamente en todos los puntos de dicha región. Lo mismo puede sucederle a un fotón, el cuanto de la luz. Su polarización puede tomar dos valores distintos y excluyentes entre sí. Sin embargo, en ausencia de medida experimental, el fotón se encuentra en una superposición de ambos estados a la vez. ¿Y qué sucede al medir? Que se obtiene un resultado que se corresponde con uno de los posibles estados en los que se puede encontrar el sistema. Medir rompe la superposición, o como suele decirse, la hace «colapsar» a uno de los estados que había en la superposición. Además, entra en juego una segunda característica

El propio Einstein abogaba por la existencia de una capa de realidad más profunda que la descrita por las ecuaciones de la mecánica cuántica, en la que un conjunto de variables desconocidas explicaría las propiedades tan extrañas de esta teoría.

central en la interpretación de Copenhague: la aleatoriedad. No es posible predecir el resultado que obtendremos al realizar nuestra medida experimental, solamente la probabilidad de obtener uno u otro. De nuevo, otro principio que puede resultar difícil de aceptar. Se trata de una estocada mortal para el determinismo. Lo siento, amigo Laplace, pero la naturaleza es intrínsecamente probabilística.

La superposición cuántica supone una ruptura absoluta con la física clásica. Una revolución. En la física clásica, las magnitudes tienen valores bien definidos en todo momento. Por ejemplo, la velocidad de un proyectil puede variar con el tiempo, aumentar o disminuir, pero en todo instante tiene un valor concreto. Lo mismo sucede con la posición de un planeta en su órbita alrededor del Sol o la energía cinética de un objeto en caída libre. Son propiedades que existen de forma objetiva e independientemente de que las midamos o no. En cambio,

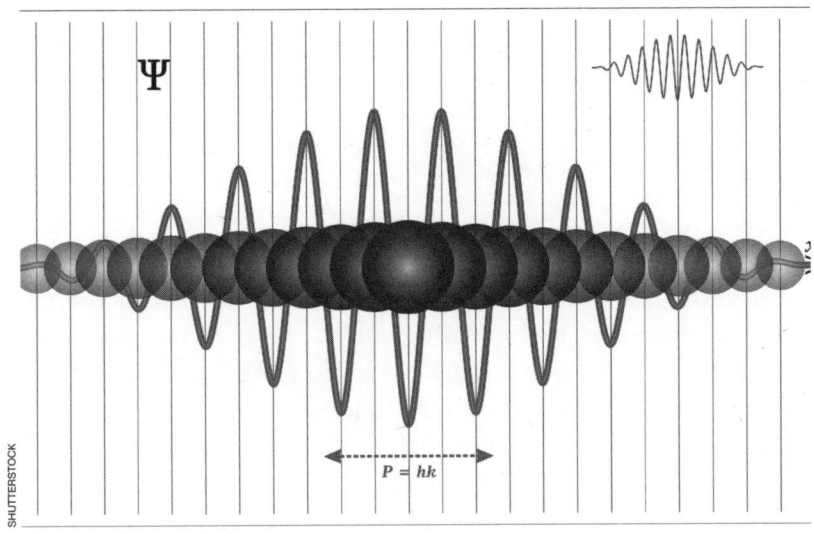

SHUTTERSTOCK

$$\Psi$$

$$P = hk$$

La superposición cuántica es un principio fundamental de la mecánica cuántica. En el caso del gato de Schrödinger, la interacción de las partículas del animal con las de su entorno daríanlugar a una rápida decoherencia y harían que el gato estuviera vivo o muerto, pero no en una superposición de ambos estados.

si un sistema se encuentra en una superposición cuántica, sus magnitudes asociadas no tienen un valor definido. No hay un valor concreto para su posición o para su velocidad. En otras palabras, las propiedades de un sistema no están determinadas hasta que las medimos. Esto choca completamente con la visión realista del mundo, que defiende que la naturaleza tiene unas propiedades bien definidas independientemente de que la observemos. Por eso la mecánica cuántica es tan difícil de aceptar. Por eso Feynman afirmaba que nadie la entiende.

Ya hemos adelantado que los detractores de la interpretación de Copenhague perdieron el debate, aunque tal vez sea más justo afirmar que sus ideas tuvieron una menor aceptación. Entre los que más se resistieron a aceptar la superposición cuántica estaba Albert Einstein. En 1935, un año después de llegar a los Estados Unidos tras huir de la Alemania nazi, Einstein publicó un influyente artículo junto a Boris Podolsky y Nathan Rosen en el que se oponía frontalmente a la interpretación de Copenhague. Y no era el único. A Einstein y sus colegas se unió nada ni más y nada menos que el mismísimo Erwin Schrödinger.

EL GATO DE SCHRÖDINGER

El físico austriaco Erwin Schrödinger, que tan importante había sido para el desarrollo de la mecánica cuántica, no estaba satisfecho con la idea de la superposición que defendían Bohr y sus colaboradores. En su artículo «Die gegenwärtige Situation in der Quantenmechanik» («La situación actual de la mecánica cuántica»), publicado en Die Naturwissenschaften en 1935, Schrödinger proponía un experimento mental con el que pretendía demostrar que la interpretación de Copenhague conducía a situaciones absurdas. Curiosamente, su experimento mental, lejos de acabar con las ideas de Bohr, terminó convirtiéndose en una conocida referencia de la cultura popular.

En su artículo, Schrödinger describía el escenario siguiente. Se introduce un gato en una caja cerrada en la que previamente se han colocado dos elementos: un matraz con un veneno y una cantidad pequeña de una sustancia radiactiva. La sustancia radiactiva puede emitir radiación en cualquier momento, de forma completamente aleatoria. Si esto sucede, un detector Geiger registra dicha radiación y activa un mecanismo que rompe el matraz y libera el veneno, matando de ese modo al pobre gato. Puesto que la caja está completamente cerrada, no sabemos si el infeliz evento ha tenido lugar, por lo que no podemos saber si el gato está vivo o muerto. No lo hemos medido. Si abrimos la caja y observamos el estado del gato, su estado colapsará a una de las dos posibilidades. Pero hasta que lo hagamos, según la interpretación de Copenhague, el gato estará en una superposición cuántica... vivo y muerto a la vez.

MÁS ALLÁ DEL GATO

El gato de Schrödinger nos advierte que no es posible aplicar las leyes de la mecánica cuántica al mundo macroscópico de una forma tan inocente. Aunque se considera una teoría

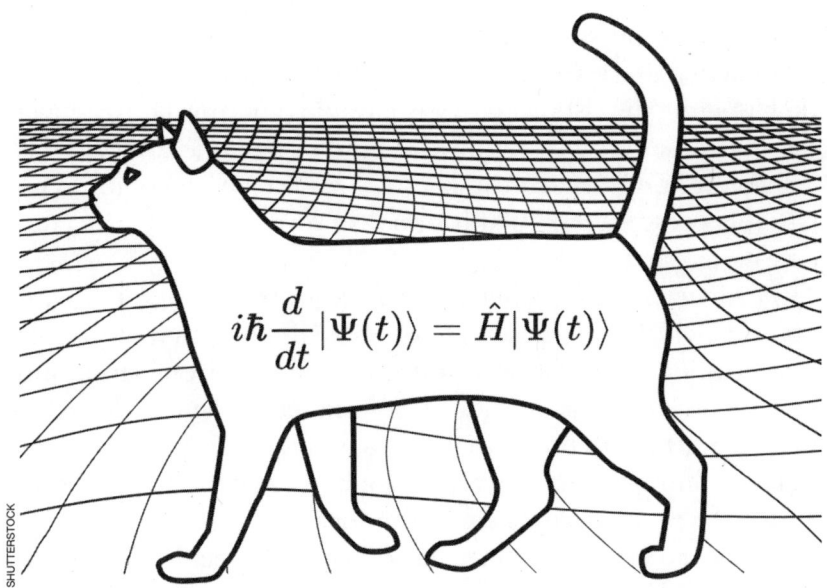

$$i\hbar\frac{d}{dt}|\Psi(t)\rangle = \hat{H}|\Psi(t)\rangle$$

SHUTTERSTOCK

Ilustración del famoso gato de Schrödinger. Desde su nacimiento en 1935, su popularidad no ha hecho más que crecer. Es utilizado en camisetas, memes e incluso en series de televisión.

fundamental, en principio aplicable a todas las escalas, no es en absoluto evidente cómo debemos hacerlo cuando consideramos sistemas grandes. ¿Por qué los objetos macroscópicos no presentan propiedades cuánticas? ¿Dónde se encuentra la transición entre el mundo cuántico y el mundo clásico? Estas cuestiones llevan debatiéndose desde hace décadas y aún no se ha alcanzado un consenso al respecto. Para intentar darles respuesta, diversos autores introdujeron en los años 70 el concepto de decoherencia, un proceso por el cual un sistema perdería sus propiedades cuánticas por su interacción con los alrededores. La decoherencia actuaría de modo similar al proceso de medida, destruyendo la superposición cuántica a menos que seamos capaces de aislar el sistema perfectamente. En el caso del gato de Schrödinger, la interacción de las partículas del gato con las de su entorno darían lugar a una rápida decoherencia y harían que el gato estuviera vivo o muerto, pero no en una superposición de ambos estados. De ese modo se podría reconciliar la interpretación de Copenhague con nuestra intuición clásica.

Otra posible solución a la situación tan extraña que nos plantea el gato de Schrödinger es abandonar la interpretación de Copenhague. El propio Einstein abogaba por la existencia de una capa de realidad más profunda que la descrita por las ecuaciones de la mecánica cuántica, en la que un conjunto de variables desconocidas explicaría las propiedades tan extrañas de esta teoría.

Particularmente influyente fue el trabajo del estadounidense David Bohm, quien en los años 50 creó una versión de la mecánica cuántica en la que se restaura el determinismo y el realismo. En la mecánica bohmiana, el estado del sistema estaría bien definido incluso cuando no es observado. Por lo tanto, para Bohm y sus seguidores, el gato de Schrödinger estaría vivo o muerto, pero no ambos a la vez. Este tipo de teorías se conocen como teorías de variables ocultas y, si bien tienen sus adeptos, son una minoría. La razón es el precio a pagar, consistente en la introducción en la teoría de una serie de elementos adicionales, considerados por muchos como superfluos. Además, los trabajos experimentales que desde los años 70 han realizado Alain Aspect, John Clauser y Anton Zeilinger, los ganadores del Nobel en física de 2022, han servido para descartar numerosas teorías de variables ocultas, lo que ha convertido este camino en aún menos atractivo y ha reforzado la interpretación de Copenhague.

Desde su nacimiento en 1935, la popularidad del gato de Schrödinger no ha hecho más que crecer. En la actualidad, es más famoso que su propio creador. Es utilizado para ilustrar camisetas, genera numerosos memes en redes sociales e incluso aparece en conocidas series de televisión. Es sin duda uno de los conceptos de la física más extendidos, aunque para muchas personas sea una mera curiosidad. Sin embargo, en cuanto se va más allá de la anécdota, uno no puede evitar asombrarse por la física tan fascinante que se esconde tras nuestro querido felino.

El vacío
lleno de cuántica

Francisco R. Villatoro
Físico y profesor de la Universidad de Málaga

El vacío cuántico es una sustancia. Esta frase que parece un oxímoron fue popularizada por el físico español Álvaro de Rújula (CERN) y resume el resultado más revolucionario de la mecánica cuántica relativista (la teoría cuántica de campos). Los campos cuánticos tienen dos tipos de estados, vacío y partículas. El vacío es un estado del campo sin partículas que rellena todo el espacio; de hecho, el campo cuántico es un «campo» gracias a su estado de vacío. Las partículas (y las antipartículas) son estados del campo alrededor de un vacío que se comportan como ondas localizadas que se propagan por el espacio. Un campo puede tener varios vacíos y varios tipos de partículas en cada uno de estos vacíos, diferentes en sus masas y sus cargas. Para entenderlo hay que usar matemáticas: el campo de una partícula con masa se describe con una ecuación de ondas con un término de masa determinado por la energía potencial del campo; los estados de vacío son los extremos (mínimos o máximos) del potencial; en cada mínimo tenemos un vacío estable con estados de tipo partícula cuya masa depende de la curvatura del potencial en dicho mínimo (que puede ser diferente en mínimos diferentes) —en los máximos el vacío es inestable y no hay estados de tipo partícula, pues serían taquiones, partículas que se moverían más rápido que la velocidad de la luz en el vacío—.

De Rújula popularizó su frase en charlas sobre la física del bosón de Higgs. En el modelo estándar de la física de partículas todos los campos tienen un único vacío, salvo el campo de Higgs que tiene dos vacíos. A alta energía tiene un vacío con energía cero y cuatro partículas, el bosón de Higgs escalar H^0, un bosón de Higgs pseudoescalar h^0 y dos bosones de Higgs cargados H^+ y H^-. Este vacío existió cuando el universo tenía menos de una billonésima de segundo; pero tras la transición de fase electrodébil el campo de Higgs cambió a su segundo estado de vacío, el actual, con una energía de 246.22 GeV (que equivale a la masa de 262 protones). En este segundo vacío, el campo de Higgs solo tiene una partícula, el bosón de Higgs H^0, con una masa de 125.3 GeV/c^2, cuyo descubrimiento fue anunciado en el año 2012; las otras tres componentes del campo de Higgs se excitan como componentes longitudinales de los bosones vectoriales débiles W^+, W^- y Z^0, dotándolos de masa.

El bosón de Higgs se comporta como una partícula más, como si su vacío tuviera asignado una energía cero. Sin embargo, el vacío del campo de Higgs es de suma importancia

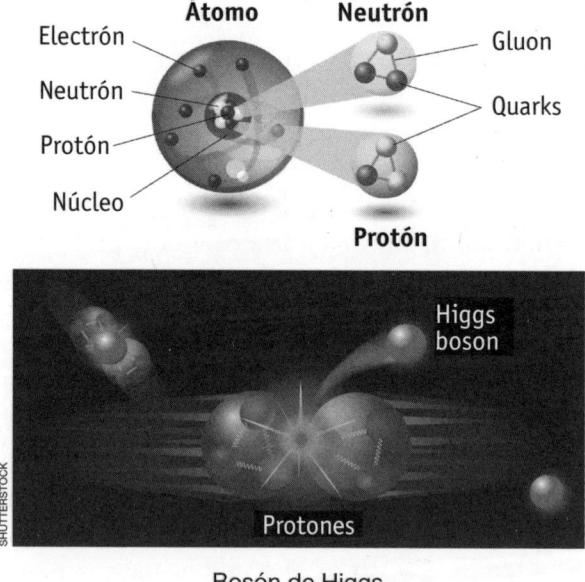

Bosón de Higgs.

Álvaro de Rújula en la conferencia titulada «Del micro al macro cosmos, viaje de ida y vuelta».

en el modelo estándar, pues los leptones cargados y los quarks adquieren su masa por interacción con dicho vacío —se ignora el origen de la masa de los neutrinos, que podría estar o no estar relacionada con el Higgs—. Antes de la transición de fase electrodébil todas las partículas del modelo estándar, incluidos los cuatro Higgs, se comportaban como si no tuvieran masa —en los colisionadores de partículas se ha observado que la masa de las partículas cambia con la energía y que a muy alta energía el bosón Z^0 se comporta como si no tuviera masa—.

El vacío cuántico no está vacío, porque está «lleno» de las llamadas fluctuaciones cuánticas de punto cero. Gracias a ellas el vacío influye en las propiedades de las partículas, tanto las de su campo como las de otros campos con los que esté acoplado; por ejemplo, el vacío del campo electrón influye en el vacío del campo electromagnético y, a través de él, en todas las partículas que tengan carga eléctrica. Muchos de estos efectos han sido medidos experimentalmente con gran precisión y su buen acuerdo con las predicciones teóricas es una evidencia de la existencia del vacío y de que los campos cuánticos, y no las partículas, son los objetos fundamentales del universo. Un efecto muy relevante en el modelo estándar es que las cargas

Detector CMS del LHC en el CERN, donde se descubrió el bosón de Higgs.

y las masas de las partículas no tienen valores constantes, sino que son función de la energía —un cambio que describe el método de renormalización—. Como consecuencia, las mal llamadas constantes de acoplamiento de las interacciones fundamentales son función de la energía, un hecho observado en los experimentos; en concreto, crecen con la energía para las interacciones electromagnética y débil, decrecen para la fuerte y, además, casi coinciden a muy alta energía; dicha coincidencia sugiere que existe una única teoría unificada por encima de dicha escala de energía, que estaría descrita por una teoría de gran unificación (GUT) aún no observada.

LAS PARTÍCULAS VIRTUALES

Las fluctuaciones cuánticas de energía cero son como ondas en el vacío. Sin embargo, en la primera mitad del siglo XX, se pensaba que todo estaba hecho de partículas, por ello se intentó interpretar estas fluctuaciones usando el concepto de partículas virtuales, como si fueran parejas de partícula y antipartícula que se crean en el vacío de forma espontánea y que se aniquilan un instante después. La idea parece incumplir el principio de conservación de la energía, pero la mecánica cuántica lo evita usando el principio de indeterminación de Heisenberg $\Delta E \, \Delta t \geq \hbar/2$, que relaciona un cambio en la energía ΔE con la duración de dicho cambio Δt; este principio físico permite que haya una fluctuación de la energía del vacío con una energía $\Delta E \approx \hbar/(2 \, \Delta t)$ que sea superior al doble de la masa de una partícula, capaz de producir una pareja partícula-antipartícula, siempre y cuando dure un tiempo Δt muy corto. Estas partículas se llaman virtuales porque no son observables, luego no son partículas reales.

Las partículas virtuales no son partículas. Las partículas son ondas localizadas en el campo cuántico que cumplen con la famosa ecuación de Einstein $E = m \, c^2$, cuando están en reposo, y con su versión general $E^2 = (m \, c^2)^2 + (p \, c)^2$, cuando están en movimiento (en estas fórmulas E es la energía cinética, m es la masa, c es la velocidad de la luz en el vacío y $p = m \, v$ es el momento lineal, producto de la masa por la velocidad v); las partículas sin masa, como el fotón, cumplen que $E = p \, c$. Los físicos decimos que las partículas son excitaciones *on-shell*

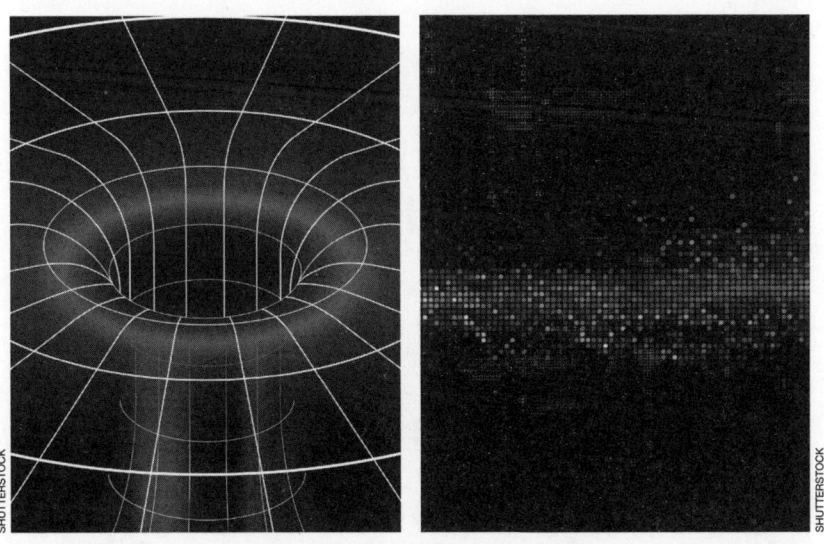

Izquierda, el vacío cuántico «lleno» de fluctuaciones cuánticas de punto cero. A la derecha, los campos cuánticos tienen dos tipos de estados, vacío y partículas.

155

(«cumplidoras») y las partículas virtuales son excitaciones *off-shell* («incumplidoras»), porque no cumplen con dicha ecuación. Aun así, están relacionadas porque el vacío puede producir partículas de forma espontánea mediante la transformación de una partícula virtual en una partícula gracias a procesos físicos que conviertan el «incumplimiento» en «cumplimiento». Hay varios mecanismos físicos que lo permiten, como un láser cuya intensidad supere el llamado límite de Schwinger, o la famosa radiación de Hawking de los agujeros negros, en la que una partícula virtual cerca del horizonte de sucesos logra escapar mientras su pareja desaparece en el interior.

En la actualidad podemos visualizar las fluctuaciones de punto cero del vacío cuántico gracias a animaciones por ordenador de la teoría cuántica de campos en el retículo simuladas usando superordenadores. Recomiendo los vídeos de Derek Leinweber, de la Universidad de Adelaide, Australia (http://y2u.be/9TJe1Pr5c9Q), que representan el vacío «coloreado»

Albert Einstein con Lewis L. Strauss (al fondo), Kurt Goedel y Julian Schwinger.

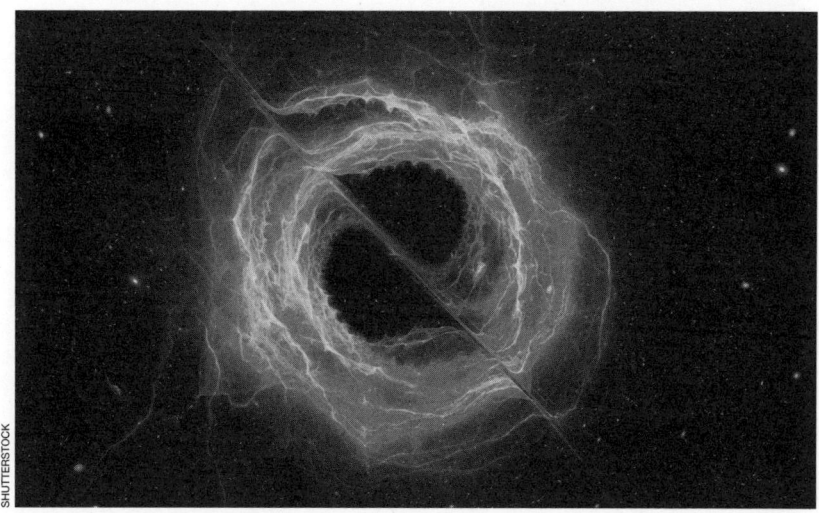

La radiación de Hawking reduce la masa y la energía rotacional de los agujeros negros.

de los campos de quarks y de gluones; en un volumen del espacio mucho más pequeño que un protón se observan burbujas coloreadas con una carga de color en su interior (rojo, verde o azul) y una carga de anticolor en su exterior (celeste, morado y amarillo), o viceversa; estas burbujas aparecen, se expanden y luego se contraen hasta desaparecer, de forma reiterativa. En algunos de estos vídeos (http://y2u.be/WZgZI5vymiM) también se muestra el campo de los gluones representado por flechas de colores; el gluon es una partícula de espín 1 con masa cero como el fotón, por ello el campo gluodinámico se puede descomponer en campos cromoeléctrico y cromomagnético, como se hace con los campos eléctrico y magnético del electromagnetismo; en los vídeos se muestran estos dos campos usando flechas de dos colores. Disfrutar del vacío «coloreado» en estos vídeos es casi hipnótico.

El efecto de Casimir

El vacío ha sido explorado mediante experimentos gracias a muchos de sus efectos. Entre ellos destaca el efecto de Casimir, que hoy tiene relevancia tecnológica en el diseño de micro y

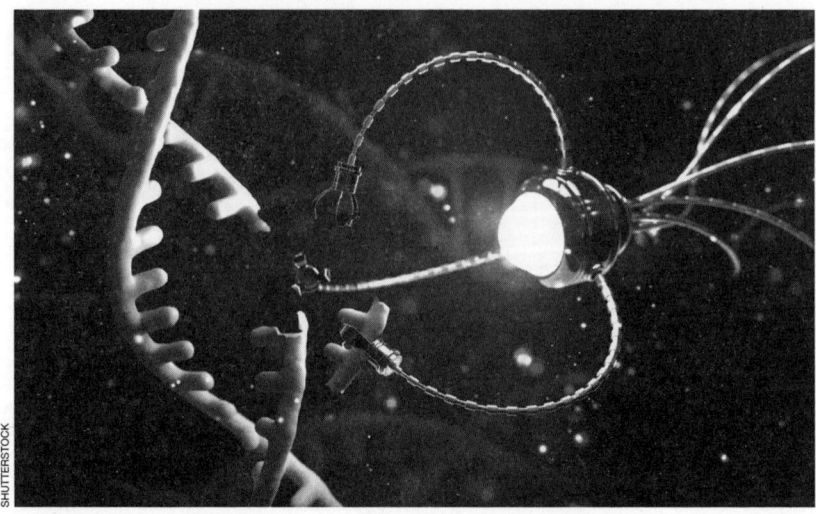

Los nanorobots son utilizados para reemplazar parte de la molécula de ADN.

nanomecanismos. En una región confinada entre dos paredes metálicas conductoras, las fluctuaciones cuánticas de punto cero del vacío del campo electromagnético se comportan como ondas estacionarias cuya longitud de onda tiene que ser menor que la mitad de la distancia entre ambas paredes (o lo que es lo mismo, su frecuencia tiene que ser mayor que cierto valor mínimo); si el espacio es libre al otro lado de ambas placas no hay ningún límite para dicha longitud de onda (o frecuencia). Casimir observó que en dicho caso aparece una fuerza atractiva entre ambas placas metálicas.

La explicación del efecto de Casimir es que el vacío entre las placas tiene un volumen más pequeño que el vacío exterior, con lo que si asignamos una energía cero al vacío exterior más grande (por estar más vacío) tenemos que asignar una energía negativa al vacío más pequeño entre las placas, lo que conduce a la aparición de la fuerza atractiva. El cálculo matemático original se basaba en sumar la energía de las infinitas fluctuaciones de vacío tanto entre las placas como en el exterior y restar ambas sumas infinitas; como en el vacío exterior caben más ondas que en el interior, la resta ofrece un valor diferente de cero, que corresponde a la diferencia de energía entre

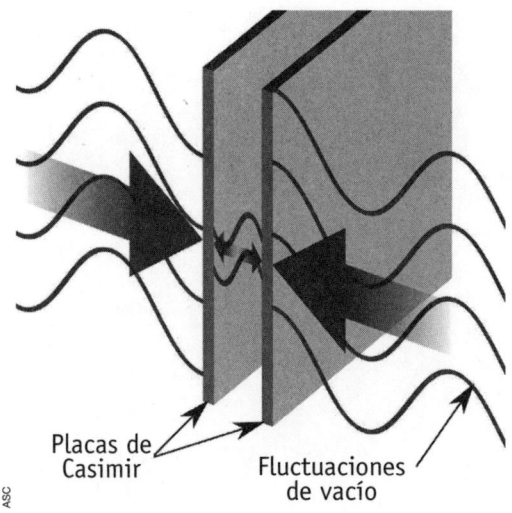

Placas de Casimir

Fluctuaciones de vacío

Fuerzas de Casimir en placas paralelas.

ambos vacíos. Este cálculo de 1947 no fue aceptado por muchos físicos hasta que el efecto de Casimir fue observado en un experimento en 1972; desde entonces se ha convertido en un recurso tecnológico. Se han propuesto muchos dispositivos en metrología cuántica basados en este efecto para la medida, por ejemplo, de pequeños campos magnéticos, que tienen aplicación en magnetocardiografía y en magnetoencefalografía; además, en el diseño óptimo de micro y nanomecanismos, como los usados en los acelerómetros de los teléfonos móviles, se debe tener en cuenta el efecto de Casimir. Abruma pensar que en nuestro teléfono móvil tenemos un pequeño dispositivo micromecánico en cuyo diseño se haya tenido en cuenta la naturaleza cuántica del vacío.

DE LA CUÁNTICA A LA CLÁSICA

ENRIQUE F. BORJA
Dr. Física Teórica y Divulgador Científico

Transcurridas poco más de dos décadas del siglo XXI nos quedan pocas dudas de que nuestro universo se rige por leyes cuánticas. La mecánica cuántica, junto a su extensión la teoría cuántica de campos, se puede considerar la mejor teoría jamás construida por la humanidad. Gracias a la cuántica hemos podido indagar en la esencia misma de la materia, nos ha permitido entender la estructura atómica y las partículas elementales. Pero no solo eso, la cuántica nos ha dado las herramientas para entender cómo funcionan las mismas estrellas e incluso cómo era el mismo universo en su evolución más temprana.

Pero aún hay más, es gracias a la cuántica que podemos imaginar con nuevas tecnologías. Podemos afirmar, sin miedo a equivocarnos, que encender tu teléfono móvil y enviar un mensaje es una constatación experimental de que las leyes de la cuántica han podido capturar aspectos muy fundamentales de nuestra realidad. La lista de avances producidos por la cuántica es inabarcable. Los transistores y microtransistores, el láser, las resonancias magnéticas, cualquier elemento donde la interacción materia y luz sea importante, y un largo suma y sigue.

La revolución de la teoría gravitatoria

Todos estos éxitos de la cuántica y muchos otros no hacen otra cosa que indicar lo que ya hemos comentado. Nuestro universo es un universo cuántico. Y sin embargo, esta impresionante afirmación nos enfrenta a una de las preguntas más peliagudas de la física. La cuestión esencial es que nosotros vivimos en un rango de tamaños, velocidades y energías en las que los comportamientos cuánticos nos son ajenos completamente. A nuestro alrededor, las leyes que parecen determinar el comportamiento de los sistemas son las leyes clásicas. La cuántica está ahí, sin duda, pero está escondida tras un velo que aún no hemos sabido rasgar del todo. Y esto nos lleva de cabeza desde la mismísima aparición de la cuántica hace ya más de un siglo.

Pensemos en lo siguiente, cuando Albert Einstein introdujo su relatividad general, su teoría gravitatoria, supuso toda una revolución. En esta teoría la gravedad no es una fuerza, sino que es la manifestación de la relación dinámica entre la estructura geométrica del espaciotiempo y las energías y flujos de energías que están presentes en el mismo. Esto se alejaba sustancialmente de la teoría newtoniana en la que la gravedad es una fuerza, aunque realmente no sepamos a qué se debe dicha fuerza en ese contexto. Es evidente que para movernos por nuestro entorno usual, la teoría de Newton de la gravedad es más que suficiente. Con ella podemos entender cómo se desliza un cuerpo por un plano inclinado, cómo funciona un péndulo, cómo se comporta un cuerpo que lanzamos hacia arriba y vuelve a caer por la acción de la gravedad. Incluso, la gravedad newtoniana es suficiente para llevar astronautas a la Luna. Es decir, en nuestro día a día, la relatividad general no es relevante. Entonces, ¿cuál es la visión correcta de la gravedad? En sentido estricto, la que nos proporciona la relatividad general, pero claro, en el ámbito en el que nos movemos, con masas pequeñas y velocidades pequeñas, resulta que la relatividad general nos devuelve la ley de la gravitación de Newton. Es decir, que en el límite apropiado, la relatividad general contiene a la gravedad newtoniana. Esta es una prueba de que la relatividad general es una buena descripción de la gravedad porque en el

SHUTTERSTOCK

Todo lo que nos rodea está compuesto por átomos y electrones. Estos elementos son claramente cuánticos en esencia.

límite apropiado nos devuelve una ley, la de Newton, que sabemos fehacientemente que funciona. Esto es muy importante para que toda la visión de la física sea consistente y, además, es muy hermoso.

Volvamos a la cuántica. Todo lo que nos rodea está compuesto por átomos y electrones. Estos elementos son claramente cuánticos en esencia, pero, de algún modo, cuando hablamos de balones, coches, barcos, aviones o nosotros mismos, la naturaleza olvida sus rasgos cuánticos. Si la cuántica es una teoría válida, ha de ser consistente con el resto de la física. Así, nos podemos formular las siguientes preguntas: ¿en qué límite y de qué modo podemos recuperar la física clásica a partir de la cuántica?

Centremos esta discusión presentando los elementos esenciales de la cuántica. Por un lado, tenemos que en cuántica hay una distinción fundamental entre lo que podemos conocer de un estado y lo que podemos medir en él. Esto hace que los sistemas físicos estén descritos por lo que llamamos estados cuánticos del sistema. Un estado cuántico no es más que una

La lista de avances producidos por la cuántica es inabarcable,
transistores y microtransistores, el láser, las resonancias magnéticas...

representación matemática que contiene todo lo que podemos conocer del sistema, ahí está contenida toda la información relevante del mismo. Por otro lado, las cosas que podemos medir se representan por objetos matemáticos denominados observables. Los observables será cosas como la posición del sistema, su velocidad (mejor dicho su momento que en física no relativista no es más que el producto de la masa del sistema por su velocidad), su energía, su momento angular que representa si el sistema está en rotación o su espín, por mencionar alguno.

En física clásica esta distinción no existe, el estado del sistema y lo que podemos medir de él es lo mismo. En física clásica asumimos que un sistema físico tiene una posición y una velocidad bien determinadas en todo momento, al igual que una energía o un momento angular. Para dar el estado de un sistema físico clásico solo hemos de dar un listado de los valores de todas las características físicas que nos interesen y estas características siempre se pueden medir. Es más, podríamos diseñar experimentos en los que medir todas esas características simultáneamente. Será más o menos difícil de implementar un dispositivo experimental que las determine todas simultáneamente pero no hay ningún impedimento conceptual para ello.

Sin embargo, en cuántica tenemos el conocido como principio de indeterminación (que en realidad es un teorema dentro de la teoría) que nos dice que existen pares de magnitudes observables que no pueden ser determinadas simultáneamente en un sistema cuántico. El par más famoso de todos los sujetos a la indeterminación es la posición $\hat{x}$ y $\hat{p}_x$ el momento en la dirección X. Y permitidme poner una fórmula $[\hat{x}, \hat{p}_x] = i\hbar$

Desde el punto de vista matemático esto es un conmutador entre dos operadores lineales que actúan sobre un espacio de Hilbert. Afortunadamente, este objeto se puede interpretar fácilmente en términos coloquiales. Lo que nos dice es que no es lo mismo medir la posición y después el momento que hacerlo al revés. Esas medidas no-conmutan. Si yo mido la posición y luego el momento obtendré una cosa diferente que si mido el momento y luego la posición. La conclusión de este hecho nos parece escandalosa. Lo que nos quiere decir es que los sistemas cuánticos no tienen definidos los valores de estas magnitudes a no ser que las midamos y que el hecho de medir una de estas cantidades afecta a la posterior medida de la otra magnitud. Esto no ocurre en clásica. En clásica este conmutador debería de ser nulo.

Pero fijémonos en que este conmutador depende de la constante de Planck h dividida por 2π, lo que se conoce como h-barra. Y aquí tenemos la primera propuesta para conseguir obtener la física clásica a partir de la cuántica. La constante de Planck tiene unidades de energía multiplicada por tiempo, conocidas por unidades de acción. En las unidades usuales de energías y tiempos, Julios y segundos, tiene un valor extremadamente pequeño de $1,054\,571\,817 \times 10^{-34}\,Js$. Y esta constante aparece en todas las fórmulas de la cuántica, de los conmutadores a la ecuación de Schrödinger.

Parece que tenemos una salida, para recuperar la física clásica a partir de la física cuántica solo hemos de tomar el límite cuando la constante $\hbar$ tienda a cero. Haciendo eso está claro que el conmutador anterior es nulo con lo cual implicaría que podríamos medir simultáneamente posiciones y momentos y que están siempre bien definidos en el sistema.

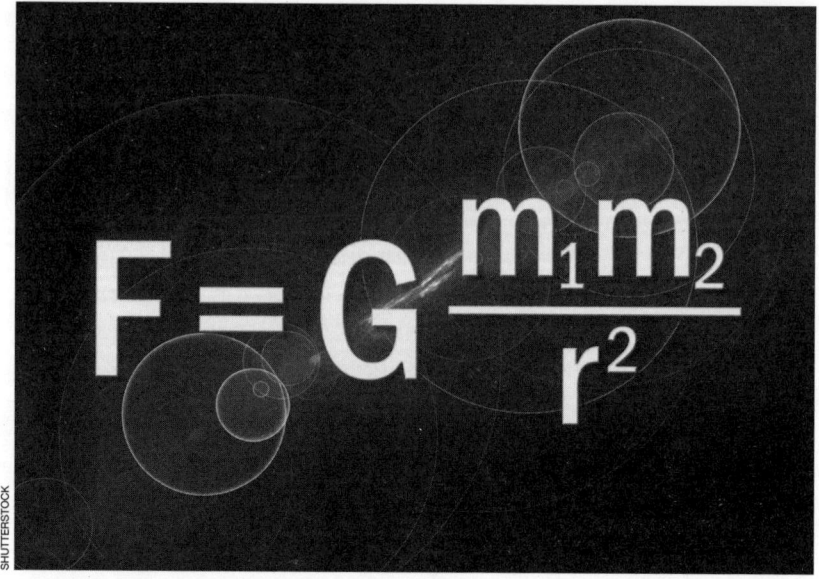

La relatividad general nos devuelve la ley de la gravitación de Newton. Es decir, que en el límite apropiado, la relatividad general.

Desgraciadamente esta es solo es una buena idea que no funciona en general.

Hemos de seguir buscando otra idea y hay una que es casi evidente. Los sistemas que nos rodean están compuestos por una cantidad ingente de partículas, del orden de 10^{23} o más. ¿Puede que se recupere el comportamiento clásico de los sistemas cuando el número de partículas que lo conforman sea muy grande? Lo que nos estamos preguntando es, si un sistema cuántico está compuesto por N partículas, ¿recuperaremos el comportamiento clásico cuando $N \rightarrow \infty$? La respuesta tampoco es satisfactoria porque aunque hay sistemas en los que ocurre así, hay otros en los que el comportamiento cuántico no se suprime aumentando el número de partículas que componen el sistema. El motivo de todo esto es que la cuántica tiene una riqueza impresionante. Sabemos que en cuántica podemos tener estados de los sistemas que están compuestos por una combinación de estados que clásicamente son mutuamente excluyentes. Por ejemplo, nosotros podemos tener una partícula cuántica preparada en un estado en el que hay una combinación de estados con distintas energías. Supongamos que el estado de un sistema, que representamos por $|\psi\rangle$ viene dado por $|\psi\rangle = |E_1\rangle$. Eso quiere decir que cuando midamos la energía del sistema nos dirá que tiene energía $|E_1\rangle$. Pero puede ocurrir que nuestro sistema esté en el siguiente estado:

$$|\psi\rangle = |E_1\rangle + c_2|E_2\rangle + c_3|E_3\rangle,$$

donde c_2, c_2, c_3 son coeficientes complejos que verifican que la suma de sus (módulos) cuadrados son la unidad. ¿Cuál es la energía que vamos a obtener al hacer una medida en este sistema? No lo sabemos. La cuántica nos dice que podremos obtener el resultado E_1 o el E_2 o el E_3. Pero no nos dice cuál saldrá en una medida determinada. Lo que sí nos dice es con qué probabilidad podremos obtener uno u otro. Estas probabilidades vienen dadas por los (módulos) cuadrados de los coeficientes que acompañan a cada estado en la superposición anterior.

Lo que es más hiriente, cuando efectuamos la medida el estado inicial cambia y se transforma únicamente en el estado correspondiente a la energía que hayamos medido. Así, si al medir la energía obtenemos el resultado E_2 el estado final tras la medida de nuestro sistema ya no es el estado $|\psi\rangle$ sino el estado $E_2\rangle$.

Esto, como es evidente, está en total contraste con lo que pasa en física clásica y nos hace plantearnos muchas cuestiones. ¿Por qué no podemos ver superposiciones y solo obtenemos valores concretos? ¿Qué hace que el estado cambie de esta forma? ¿Por qué la cuántica solo nos da probabilidades de obtener medidas y no predice resultados de las mismas con total certeza?

Decoherencia cuántica

La respuesta más popular a todo esto es lo que se llama la decoherencia cuántica. Los sistemas cuánticos están sumergidos en un ambiente. Este ambiente es todo lo que no es el

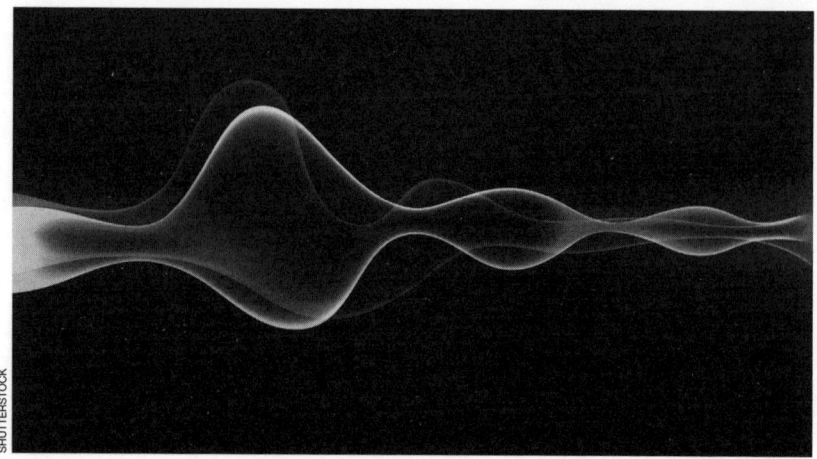

Ilustración digital de la onda sonora.

sistema que nos interesa estudiar y en ese ambiente habrá otros elementos cuánticos que están interactuando con nuestro sistema de interés. La idea central, concebida en los años 70 del pasado siglo, es que la interacción entre nuestro sistema de estudio y el ambiente hace que los efectos cuánticos se mitiguen y que en estas superposiciones se supriman muchas de las posibles opciones. Es decir, es la interacción sistema/ambiente la que genera un proceso dinámico en el cual se destruyen las superposiciones cuánticas y nos devuelve un único resultado. Evidentemente, este proceso es complicado y por eso algunas veces se selecciona un resultado y otras veces otro. La teoría de la decoherencia es fundamental hoy día para establecer el límite clásico de un sistema cuántico. También es un elemento esencial para conseguir tener un computador cuántico operativo. En un computador cuántico esperamos tener miles de partículas que han de estar en superposición cuántica y entrelazadas entre sí. Para que esto sea estable y no se pierdan las características cuánticas hemos de aislar muy bien el sistema de partículas. Podemos decir que la computación cuántica es una lucha continua contra la decoherencia. Justamente lo que deseamos es alejarnos del comportamiento clásico en este caso. Lo conseguiremos.

El mundo cuántico
en la cultura popular

Daniel Torregrosa
Divulgador científico

Cartel de la
serie *Doctor
Who* (2005)
con Matt
Smith y Karen
Gillan.

L a mecánica cuántica forma parte de nuestra cultura popular más cercana. Su influencia inunda medios de expresión artística y entretenimiento como el cine, las series, el cómic o el género de la ciencia ficción, hasta llegar incluso a emplearse como reclamo publicitario.

No es algo nuevo, porque ya en los inicios de esta revolucionaria disciplina, hace más de un siglo, términos como el principio de incertidumbre y el de complementariedad se empleaban como metáforas al hablar de libertad, justicia o arte. Desde entonces, el mundo cuántico se ha utilizado como un universo en el que se pueden romper todas las reglas de la naturaleza. Una excusa perfecta para introducir la fantasía vestida de ciencia. Pero también una oportunidad única para acercarnos a la ciencia desde la cultura popular. Veamos algunos ejemplos.

ANT-MAN Y LA MINIATURIZACIÓN CUÁNTICA

Scott Lang es un personaje del sello Marvel que hizo su primera aparición en los cómics de la serie *Vengadores*, en 1979. Lang es un antiguo convicto que entra a trabajar al servicio del doctor Henry Jonathan Pym, un entomólogo y físico al que se atribuye el descubrimiento de unas partículas que llevan su apellido, capaces de ampliar o reducir la masa de cualquier

En la imagen, Ant-Man y Avispa, dos superhéroes de Marvel.

objeto o persona. Estas partículas subatómicas, de las que hay dos tipos, poseen la capacidad cuántica de alterar, aparte del tamaño, la fuerza y la densidad de una persona, para llevarla a una escala similar a la de un pequeño insecto. De ahí el nombre original de Ant-Man. El posterior perfeccionamiento del control de este proceso, con un traje cada vez más avanzado, y la mejora de las propias partículas hacen que Scott pueda adentrarse más allá del mundo microscópico, en los dominios de la física subatómica, al Reino Cuántico.

Los cómics y, más recientemente, las películas de Ant-Man están plagados de referencias a la mecánica cuántica. El traje de Ant-Man y las partículas Pym permiten que los objetos cambien sin violar la ley cuadrático-cúbica de Galileo, que establece que en cualquier objeto que crece en tamaño su área de superficie aumenta en un factor al cuadrado, mientras que el volumen crece en un factor cúbico. También tienen la propiedad mágica de mantener una frecuencia de voz audible, pese a la reducción. Y así, podríamos estar enumerando incongruencias de todo tipo sin entrar en las paradojas de viajes el tiempo y otras aventuras de este personaje. Pero no importa, porque aquí hemos venido a pasarlo bien.

La idea de la manipulación de la escala humana en la ficción no comienza con Ant-Man. Hay precedentes que se remontan en el tiempo. En *El doctor menudillo* (1914), de José Zahonero, nos encontramos a la reducción como argumento principal de este libro de corte humorístico. Se trata de un precedente muy temprano, y tal vez el primero, del género de miniaturización que tiene como obra destacada a *El hombre menguante* (1956), escrita por Richard Matheson cuarenta años después. Si el doctor menudillo adquiere la reducción de su tamaño bebiendo un exótico elixir, en el hombre menguante es una nube radiactiva la que lo produce en su personaje principal. Este clásico del género termina con un inquietante final donde el protagonista reduce tanto su tamaño que se sumerge en los confines de los átomos y partículas subatómicas para terminar en un nuevo universo.

En la película *Viaje alucinante* (1966), un submarino llamado *Proteus* y su tripulación se reducen a un tamaño microscópico mediante una revolucionaria tecnología secreta utilizando la mecánica cuántica. Tras esa reducción, el submarino se inyecta en el cuerpo de un científico disidente herido en un atentado. La misión es de vital importancia porque este científico conoce el poderoso secreto para mantener indefinidamente el

A la izda., cartel de la película *El increíble hombre menguante* (1957) y a la derecha, cubierta del libro infantil *El doctor menudillo* de José Zahonero.

El maestro de la ciencia ficción Isaac Asimov.

proceso de reducción de tamaño. Al más puro estilo de las novelas de Julio Verne, la aventura comienza cuando penetran en el torrente sanguíneo del paciente para recorrer un viaje por la anatomía del cuerpo humano, repleta de peligros, traiciones y sorprendentes descubrimientos. Los productores buscaron un aval más riguroso a nivel científico y acudieron, ni más ni menos, que a Isaac Asimov para que escribiera una novela corta a partir de la idea original. Asimov examinó el manuscrito y se encontró con un texto que hacía aguas por todos los sitios, utilizando el símil submarino. Finalmente, aceptó el encargo y lo adaptó con más criterio científico resolviendo algunos de los fallos de la idea original. Pero los cuatro años que se tardaron en finalizar el rodaje llevaron a que el libro se publicara antes del estreno de la película, con la evidente contradicción en escenas del argumento comparadas con una mayor rigurosidad del libro.

EL DOCTOR MANHATTAN Y EL ÁTOMO DE BOHR

El Dr. Manhattan es uno de los personajes más fascinantes de la cultura popular. Apareció por vez primera en *Watchmen*, un clásico de la novela gráfica creado por Alan Moore y Dave

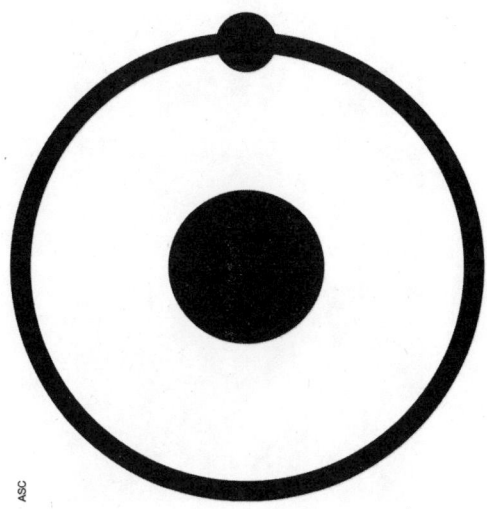

Símbolo del Dr. Manhattan.

Gibbons, entre los años 1986 y 1987. *Watchmen* es una delicia que ha sido referencia de varias generaciones del cómic y está considerado como uno de los mejores trabajos del noveno arte.

En 1959, Jonathan Osterman, un graduado en Física por la Universidad de Princeton e hijo de un relojero, entra a trabajar en un centro secreto de investigación. Tras quedar encerrado de forma accidental dentro de una cámara de pruebas durante un experimento de física nuclear, su cuerpo se desintegra por completo en presencia de su novia, que asiste a la escena horrorizada desde el exterior de la cámara. Pasados unos días, comienza a regenerarse y adquiere la imponente figura de un musculoso hombre azul. Ya no es Jonathan Osterman, es el Dr. Manhattan: un semidiós que puede viajar en el tiempo y el espacio y agregar o desagregar la materia a su antojo. Y como remate final de su nueva imagen se graba, marcando con un dedo sobre su frente, un dibujo: una descripción del átomo de hidrógeno, con un protón en el núcleo y un electrón girando a su alrededor.

El modelo atómico de Niels Bohr, publicado en 1913, es simple, elegante y recuerda de forma romántica al modelo planetario de Copérnico, con los planetas describiendo órbitas circulares alrededor del Sol. Sirvió en su momento para

El físico danés Neils Bohr (1885-1962).

explicar cómo los electrones pueden tener órbitas estables alrededor del núcleo. Fue un modelo funcional que no representaba el átomo como objeto físico en sí, sino que explicaba su funcionamiento por medio de ecuaciones.

Bohr no consiguió con su modelo explicar los fenómenos en las series espectrales, no incorporaba las teorías relativistas, ni resolvió el problema con las órbitas circulares..., pero fue revolucionario en su momento, una genialidad de un titán de la física atómica. Y por eso, un físico aficionado a los relojes reconvertido en semidiós, como el Dr. Manhattan, eligió precisamente su símbolo de identidad, inspirándose en él. Sin duda, todo un homenaje.

EL GATO DE SCHRÖDINGER

Si hay un concepto de la cuántica que ha traspasado todas las fronteras de la ciencia hacia la cultura más popular es, sin duda, el gato de Schrödinger.
En 1935, el físico austriaco-irlandés Erwin Schrödinger publicó un ensayo en el que describía los problemas conceptuales de la mecánica cuántica. Bastó un pequeño párrafo de ese ensayo, el que proponía un experimento mental con un gato encerrado

en una caja en el que la vida o la muerte del minino dependían del estado de un átomo radiactivo. Desde entonces, la literatura, el cine, la música, el arte gráfico, los videojuegos o la industria de las camisetas para *nerds*, lo ha citado y representado en múltiples ocasiones.

En el ámbito de la literatura, lo hemos encontrado en obras pseudocientíficas o fantásticas como las del psicólogo y ocultista Robert Anton Wilson, en el libro *American Gods*, de Neil Gaiman, en *Endymion*, de Dan Simmons, y en algunas obras del eterno Terry Pratchett o el genial Douglas Adams. La ciencia ficción más clásica lo ha abrazado en obras como *El gato de Schrödinger*, un breve relato de Ursula K. Le Guin, *Cuarentena*, de Greg Egan, y *El gato que atraviesa las paredes*, de Robert A. Heinlein. En esta última obra aparece Pixel, un entrañable gatito de existencia indeterminada, que aparece y desaparece de forma misteriosa en distintos lugares.

Entrando de lleno en la divulgación científica novelada, las referencias son muy numerosas, pero merece la pena destacar

A la izquierda, cubierta de *American Gods* del Neil Gaiman.
A la derecha, *El gato que atraviesa las paredes*, de R. A. Heinlein.

Personajes de la serie *Futurama*.

Flatterland, del matemático Ian Stewart, e inspirada en la *Planilandia* (1884) de Edwin A. Abbott. En esta revisión de Stewart de hace un par de décadas, y como continuación del clásico de Abbott, el gato de Schrödinger es uno de los habitantes de un extraño universo matemático que guía a la protagonista por las paradojas e incertidumbres del mundo cuántico.

Si nos fijamos en las series de televisión, nos hemos encontrado con menciones del mundo cuántico y el gato de Schrödinger en *Doctor Who, Bones, Futurama, CSI, Stargate, Phineas y Ferb, Breaking Bad, Los Simpsons…* Y por supuesto, en *Big Bang Theory*, donde Sheldon Cooper, uno de los protagonistas de esta divertida serie, trabaja como físico teórico en el Caltech de California. En uno de sus episodios, Leonard, el compañero de Sheldon, le pide consejo para concertar una cita con su vecina Penny, al mismo tiempo que ella hace lo mismo, pidiendo consejo a Sheldon, para quedar con Leonard. Sheldon le aconseja a Penny que «de la misma manera que el gato de Schrödinger está vivo y muerto al mismo tiempo» su cita con Leonard puede acabar siendo un éxito o un fracaso. La única manera de saber qué puede ocurrir es abriendo la caja. En términos cuánticos, hacer colapsar la función de onda de una cita incierta para resolver la ecuación. Penny no entiende el argumento de Sheldon y lo interpreta como un estímulo para acudir a la cita con esperanza de que todo marche bien. Sheldon se extiende en la definición del gato de Schrödinger y sus implicaciones, pero Penny no logra entender algo tan abstracto y contraintuitivo. Ya en su casa, Sheldon le menciona el gato de Schrödinger a Leonard, quien en ese momento entiende el colapso de la función de onda implícita. Cuando Leonard pasa a recoger a Penny, ella se siente incómoda y preocupada por tener una cita que pueda dar al traste con su amistad. Leonard le menciona a Penny el gato de Schrödinger, a lo que ella responde alterada que ha oído hablar demasiado de ese maldito gato. Leonard interpreta su respuesta como una señal de aprobación y la besa, algo que ella acepta encantada, quedando la pareja contenta y sin miedos ni preocupaciones. Penny acaba dando su propia conclusión de la analogía del gato de Schrödinger

Cubierta de *Flatterland* de Ian Stewart.

cuando exclama finalmente «¡El gato está vivo!». En otro episodio, Sheldon define su relación con Leonard como «la amistad de Schrödinger», dando a entender que Leonard es a la vez su amigo y enemigo.

Los videojuegos tampoco han escapado del atractivo del gato de Schrödinger. La lista de homenajes es larga, pero en un lugar destacado está la saga *Digital Devil*, donde aparece una enigmática criatura con apariencia gatuna de nombre Schrödinger. En el videojuego de rol *Wild Arms 3*, el personaje Shady the Cat, propiedad de Maya Schrödinger, se caracteriza por haber desarrollado claustrofobia como secuela del experimento de la caja. Y en *NetHack*, uno de los juegos más antiguos que todavía se sigue desarrollando, tenemos a un monstruo con un cofre. El monstruo se llama Quantum Mechanics y del cofre puede salir indistintamente un gato vivo o el cadáver de un gato.

Y para terminar este pequeño repaso qué mejor manera que hacerlo con un poco de música. Con temas musicales titulados directamente *Schrodinger's Cat*, tenemos a bandas como los

Carátula del videojuego *Wild Arms 3*.

El grupo musical Tears For Fears durante una actuación en Nueva York.

británicos Tears for Fears, del compositor de bandas sonoras y antiguo icono grebo Clint Mansell y además de un tema de The Ghost of a Saber Tooth Tiger, con Sean Lennon y Charlotte K. Muhl, entre otros.

El desaparecido rapero estadounidense Eyeda escribió una letra para uno de sus temas en la que decía: «La curiosidad que mató al gato de Schrödinger fue lo único que lo mantuvo con vida». Mantengamos esa curiosidad, siempre saldremos ganando.

La mecánica cuántica vista por el cómic

Asier Mensuro
Historiador del arte, experto en cine y cómic

Fotomontaje de *Los misterios del mundo cuántico* (2016), de Mathieu Burniat y Thibault Damour / Dargaud, Norma editorial. En los círculos, los físicos cuánticos Plank, Einstein, Bohr, Born, Broglie, Heisenberg, Everett y Schrödinger.

En lo referente a la cultura popular, hace falta un cierto periodo de tiempo para que las ideas pioneras del mundo de la investigación de la física cuántica se difundan y desplacen en el imaginario colectivo a las ideas propias de la física clásica que llevaban largo tiempo asentadas en él. En lo que se refiere al arte del cómic, las primeras referencias a la mecánica cuántica no aparecen hasta el ecuador del siglo xx.

Como obra pionera destaca el cómic Adventures Inside the Atom (1948), publicado por la compañía General Electric norteamericana. Esta historieta de escasas 16 páginas repasa la historia del átomo y sus principales hitos, para dar a conocer entre los lectores los misterios de la energía nuclear. No en vano posee centrales nucleares destinadas a la producción de energía eléctrica a partir de la energía nuclear.

En su repaso sobre la historia del átomo comienza por la Grecia Clásica, citando a Demócrito y su intuición sobre la partícula minúscula e indivisible que subyace en toda materia. Después salta hasta 1808, citando los postulados de la teoría atómica de John Dalton; y de ahí, se centra en el periodo 1850-1900, introduciendo tres conceptos nuevos: que el átomo está constituido por partículas más pequeñas, que existe espacio entre ellas y que dichas partículas se mantienen unidas a causa de la atracción eléctrica. A continuación, muestra la propuesta

Adventures Inside the Atom (1948) publicado por General Electric norteamericana.

de Niels Bohr, en la que se representa la estructura interior de un átomo de forma similar al de un sistema planetario. La historieta acierta en su siguiente página, realizando un ejercicio de didáctica al explicar que nunca se ha observado un átomo debido a su exiguo tamaño, y que todas sus representaciones que damos por veraces son simples modelos gráficos. Uno de los personajes del tebeo aprovecha para mostrar sus dudas respecto a dichas representaciones, haciendo notar a su interlocutor que en el primer modelo propuesto en las páginas del cómic, el núcleo se asemeja a una estrella con los electrones orbitando a su alrededor a modo de planetas; mientras que en el segundo, el citado núcleo parece un racimo de uvas.

Este comentario sirve para que la historieta se centre en la física nuclear, explicando de forma somera los conceptos de protón, neutrón y el de número atómico. A partir de este momento, el resto de la historieta se dedica a describir de forma más o menos acertada el concepto de la radioactividad y el de fisión nuclear, explicando cómo los núcleos de determinados materiales radioactivos pueden romperse y liberar energía. O dicho en otras palabras, explicando de forma somera el proceso de producción de energía eléctrica en una central atómica, objetivo último de este tebeo creado con claros fines propagandísticos.

Cuántix, un acercamiento a las dos grandes ramas de la física moderna

Mucho más interesantes resultan dos capítulos de Cuántix, la física cuántica y la teoría de la relatividad en cómic (2020), de Laurent Schafer; que en cierto modo explican los mismos temas que la obra anterior.

En el epígrafe titulado «Un mundo compuesto de vacío» se incide en el concepto de que todo está compuesto por átomos y que la mayor parte de dichos átomos son puro vacío. Además, se recrean algunos de los principales hallazgos sobre el átomo de comienzos del siglo xx. Así, se enumeran hitos como la demostración de Ernest Rutherford que postula que la masa del núcleo de un átomo es en realidad muy pequeña, el modelo con salto cuántico de electrones de Niels Bohr o las

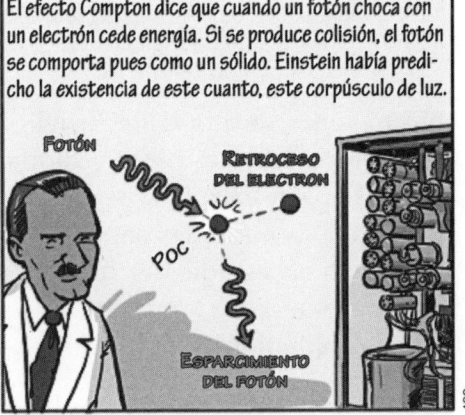

A la izquierda, portada de Cuántix, la física cuántica y la teoría de la relatividad en cómic (2020), de Laurent Schafer (Alianza Editorial). A la derecha, explicación del efecto de Compton en esta novela gráfica.

Arriba, El modelo planetario y, abajo, ¿A qué se parece un átomo?
de *Cuántix, la física cuántica y la teoría de la relatividad en cómic* (2020),
de Laurent Schafer (Alianza Editorial).

aportaciones de Louis de Broglie que subrayaban el aspecto ondulatorio de estos mismos átomos.

Por su parte, el epígrafe «¿Es absurda la naturaleza?» pone el acento en las múltiples paradojas de la mecánica cuántica que se derivan del estudio del átomo y sus propiedades. Se nombra el llamado efecto Compton, se explican los sorprendentes resultados obtenidos a partir de los experimentos denominados «de doble rendija» y se habla del principio de incertidumbre de Heinsenberg. Por supuesto, también se menciona el famoso experimento teórico de Schrödinger (el del gato en el cajón), que fue ideado en 1935 por el físico con la pretensión de burlarse de la interpretación cuántica y que, paradójicamente, se ha convertido en la cultura popular en el símbolo por excelencia de la mecánica cuántica.

En otras palabras, este capítulo pone el acento en resaltar las diferencias de la física en el mundo microscópico y el macroscópico, entre lo infinitamente pequeño y el mundo que llamamos «normal».

El cómic se cierra con un interesante epílogo que glosa los principales hallazgos físicos que aparecen en sus hojas. Se cita la página en la que se evoca cada hallazgo científico, acompañándolo de una sencilla pero rigurosa explicación teórica de dicho descubrimiento.

Todo ello convierte a Cuántix en una aplicación educativa más que evidente, y en este sentido es una obra redonda y totalmente recomendable para iniciarse en la física moderna, o como herramienta educativa de los profesores en el aula. Si hubiera que buscarle un «pero» resaltaría que los recursos propios del lenguaje del cómic, que podrían ayudar mucho a evocar y explicar de forma sencilla y atractiva lo complejo de la mecánica cuántica, están infrautilizados. Aunque, en defensa de su autor, hay que decir que Laurent Schafer es un periodista apasionado por la ciencia y que Cuántix es su primer cómic, por lo que posee las virtudes y las torpezas de cualquier ópera prima de un autor en ciernes.

Por suerte, en Francia ya se ha publicado Infinitix, del infinito cósmico al infinito cuántico (2021), segunda entrega de este mismo autor, dedicada igualmente a la física cuántica, y que tendrá su edición en castellano en 2023 de la mano de Alianza. Ojeando sus páginas, se aprecia una evolución narrativa y una madurez, y convierte a Schafer en uno de los autores imprescindibles a la hora de acercarse al tema de la física moderna.

Sueño y maravillas cuánticas

Caso muy distinto es el de Los misterios del mundo cuántico (2016), de Mathieu Burniat y Thibault Damour. La doble autoría beneficia mucho a la obra. El primero es uno de los mejores autores del cómic francófono que comienzan a trabajar en la última década. Suyos son trabajos tan interesantes como Shrimp (2012), La passion de Bodin-Bouffant (2014) o Les illustres de la table (2016). El segundo es uno de los físicos franceses más eminentes, profesor permanente del IHES (Institut des Hautes Etudes Scientifiques) y miembro de la Academia de Francesa de las Ciencias.

Damour entiende que el noveno arte es una vía idónea para acercar la esencia de la mecánica cuántica al común de los mortales. En diversas entrevistas declara que con Los misterios del mundo cuántico ha querido acercar a la gente la respuesta a esta pregunta: «¿Sigue siendo el mundo cuántico un misterio? Y la respuesta a esta pregunta es doble: ¡No! Han pasado casi cien años desde que el mundo cuántico se entendió por completo desde la perspectiva de las ecuaciones, de las matemáticas. Pero desde el punto de vista del sentido físico, los debates siguen vivos. Los científicos aún no se ponen de acuerdo sobre el significado que se le debe dar a esta realidad cuántica…».

Thibault Damour se fascina con los recursos del cómic como herramienta de representación y como persona inteligente que es, deja hacer al extraordinario profesional de la viñeta que le acompaña en esta aventura, creando una historieta extraordinaria en lo referente a lo gráfico y lo narrativo.

Versión canina del gato de Schrödinger en *Los misterios del mundo cuántico* (2016), de Mathieu Burniat y Thibault Damour (Dargaud, Norma Editorial).

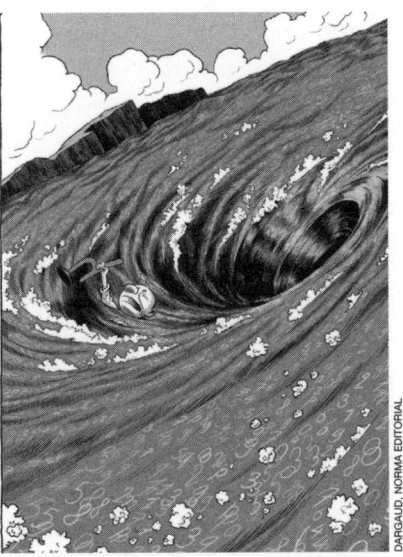

Los misterios del mundo cuántico (2016), de Mathieu Burniat
y Thibault Damour (Dargaud, Norma Editorial). A la izquierda, cubierta,
a la derecha, «h» —letra que denota la constante de Planck— sirve de
guía a Bob en el turbulento mundo cuántico.

Los protagonistas de la historia de Los misterios del mundo
cuántico son Bob y Rick (una suerte de Tintín y Milú) y a lo
largo de sus 160 páginas se persigue la respuesta a un enigma
que se narra en sus primeras 20 páginas. Rick, el perro de pelu-
che de Bob, cobra vida repentinamente tras ser aplastado con
su traje de oxígeno por un meteorito durante una expedición
espacial a la Luna. Así surge la pregunta: ¿Cómo comprender
el misterio de tal metamorfosis —de un perro muerto en un perro vivo— sin que sea ni irracional, ni inexplicable, ni recaiga
en el ámbito de la magia o la fantasía?

Buscando la respuesta a esta particular versión canina del
famoso gato de Schrödinger, los dos héroes retrocederán en el
tiempo y parten al encuentro de los físicos que han protagoni-
zado los grandes descubrimientos en el campo de la mecánica
cuántica. Visitan y charlan con figuras del nivel de Planck,
Einstein, De Broglie, Heisenberg, Schrödinger, Bohr, Born,
Everett, etc.

Este cómic tiene dos hallazgos magistrales. El primero es entender que la potencia gráfica del surrealismo es un camino certero para poder expresar de forma atractiva los principios cuánticos (ver ilustración «h» en páginas anteriores); y el segundo radica en que, tras situar la historia en las coordenadas propias de esta ficción onírica, los recursos inherentes al noveno arte se convierten en la herramienta perfecta para representar los fenómenos físicos descritos por la mecánica cuántica y que son inaccesibles a nuestros sentidos.

En este cómic, la mecánica cuántica es como el sueño; una suerte de frontera en la que lo que no es visible impregna nuestra realidad cotidiana. Soñamos una especie de realidad alterada, y al leer Los misterios del mundo cuántico, uno se pregunta si los grandes físicos de estas disciplinas soñaron en ocasiones con imágenes como las que dibuja Burniat. Son tan expresivas y acertadas a nivel conceptual que no sería difícil imaginar que el subconsciente de Planck, Heisenberg o Everett crease una imagen análoga a estas para intentar ofrecer a sus respectivos «yoes» conscientes, una intuición sobre los apasionantes campos en los que trabajaban. El cerebro aprende a través de imágenes, y las de Los misterios del mundo cuántico son reveladoras.

Si se toma un principio básico de la mecánica cuántica, como por ejemplo que cualquier objeto cuántico puede estar en diferentes estados simultáneamente, se tiene un problema entre manos a la hora de hacerlo comprensible para el lector. Para ello, en parte, se recurre a la trama de la historia, ya que en sus páginas, Everett explica a Bob que este fenómeno de «superposición de estado» también existe en el mundo macroscópico, si bien no lo apreciamos en nuestro día a día porque aunque existan una multitud de configuraciones reales de la materia, todas estas realidades no son conscientes las unas de las otras.

Sin duda, es una idea de gran complejidad, que se entiende mucho mejor gracias al magistral uso del color de Mathieu Burniat. El historietista dibuja una viñeta en tonos rojos en la que Bob y Rick pasean sonrientes entre los cráteres de nuestro

Quizá el superhombre cuántico más logrado sea Dr. Manhattan. Sobre estas lineas, *Antes de Watchmen: Dr. Manhattan* (2012), de Adam Hughes y J. Michael Straczynski (DC Comics™, ECC).

satélite; pero en el centro de esta misma imagen repite a ambos personajes en tonos azules, representando a un Bob arrodillado que llora desconsoladamente ante el cuerpo inerte de Rick.

Los superhéroes. ¿Se entiende la mecánica cuántica?

Los superhéroes juegan en la sociedad contemporánea un papel similar al de los dioses y héroes en la antigua Grecia y Roma. Son arquetipos que reflejan y simbolizan todos los

A la izquierda, *Antes de Watchmen: Dr. Manhattan*. A la derecha, *Quantum Queen (La reina cuántica)*, cómic que muestra la teleportación cuántica como superpoder. Ambos son de DC Comics™, ECC.

aspectos relevantes de la sociedad que los produce; y en este sentido, que existan superhéroes inspirados en la mecánica cuántica resulta revelador. Por un lado, muestra la fe de la sociedad contemporánea en la ciencia, y así mismo revela que somos capaces de percibir la importancia de un hecho capital, nuestra capacidad para empezar a entender de verdad los secretos intrínsecos de la materia. Pero por otro lado, es evidente que el reflejo de todo lo cuántico en este universo súper heróico es desigual. Conviven alegorías certeras y erróneas respecto al mundo cuántico, lo que pone de manifiesto que dicho conocimiento es aún muy superficial entre el público no especializado; razón por la cual, son tan necesarios cómics divulgativos y rigurosos como los que he citado anteriormente y libros de ensayo sobre la huella de esta ciencia en los cómics como el capítulo dedicado a la mecánica cuántica en The physics of Superheroes (2005) y The amazing story of Quantum mechanics (2010), ambos de James Kakalios.

El universo microscópico siempre ha tenido un importante papel en los cómics de Superhéroes. Baste recordar a Los micronautas, Atom o Ant Man, para evidenciar que, como en la física cuántica, lo más pequeño esconde en los tebeos una realidad increíble. Pero existe una coincidencia aún más curiosa. Como explica Álvaro Pons: «El concepto de "espuma cuántica" es una teoría de cómo es la estructura del espacio-tiempo a escala atómica. Describe un espacio-tiempo turbulento, cuya representación recuerda poderosamente a la representación gráfica de "La dimensión oscura" dibujada por Steve Ditko en los viejos tebeos del Doctor Extraño». Pero dejemos el concepto del espacio infinitesimal, para centrarnos en los arquetipos de los superhéroes. Quizá el superhombre cuántico más logrado sea el Doctor Manhattan. No es vano, esta creación de Alan Moore y David Gibbons, incluida en su cómic Watchmen, luce a modo de emblema el diseño del átomo de Bohr, y en esencia es un hombre capaz de realizar las mismas cosas en el mundo real que aquellas que hacen los átomos en el mundo microscópico.

Resulta especialmente relevante los números dedicados a este personaje en la miniserie Antes de Watchmen (2012), en la que el guionista J. Michael Straczynski muestra a este todopoderoso superhéroe en un tono filosófico, meditabundo, analizando a través de profundas reflexiones cuánticas las decisiones que tomó a lo largo de su vida y que le llevaron a convertirse en el Dr. Manhattan. El acierto del guion radica en que para el Dr. Manhattan, todas estas decisiones son como el experimento teórico del gato de Schrödinger, y es capaz de percibir todas las realidades en las que su vida es distinta por haber realizado elecciones diferentes. El título de su primer número, ¿Qué hay en la caja?, ilustra perfectamente la esencia de este estupendo tebeo desde el punto de vista cuántico.

Sin embargo, otros héroes relacionados con el mundo cuántico demuestran en sus aventuras desconocer o interpretar de forma deficiente los principios básicos de esta mecánica. Así por ejemplo, Quántico es un personaje creado por Steve Englehart y Al Milgrom en 1969 para Marvel Comics, con la

Sobre estas líneas, The All New Atom (2006), de Ariel Olivetti.

capacidad para crear copias de sí mismo al teletransportarse entre distintas ubicaciones a velocidades súper rápidas (una versión algo confusa del proceso de teleportación de información cuántica).

En este sentido, resulta mucho más acertado el personaje de La reina cuántica, una superheroína creada en 1967 por Jim Shooter y Curt Swan para D.C., cuyos poderes se basan en su control sobre la energía cuántica. Sin duda, el personaje rinde homenaje al gran pionero de esta disciplina, el físico Max Planck, que descubre la constante fundamental que lleva su nombre y que además, al abordar el problema de la emisión y la absorción de la energía electromagnética. La reina cuántica ha ampliado sus poderes con el paso del tiempo. Así, tiene el control sobre un rango infinito de radiación y de temperatura a lo largo del espectro electromagnético. Puede manipular la energía para atravesar cualquier objeto, dado que la materia de un átomo es esencialmente vacío; puede volverse invisible, simplemente transformándose en energía con una longitud de onda situada más allá del espectro visible; e incluso puede crear una especie de copias fantasma de ella misma (compuestas de energía ultravioleta y situadas en lugares espacialmente lejanos), a las que transmite su conciencia. Si no se es excesivamente riguroso, y se entiende el término «conciencia» como «información», el personaje refleja estupendamente el concepto de teleportación cuántica.

EXPERTOS

Francisco R. Villatoro es licenciado en Física, doctor en Matemáticas y profesor de la Universidad de Málaga. Investiga sobre la física computacional con más de cincuenta artículos publicados y cinco tesis doctorales dirigidas. Se dedica a la divulgación científica en su blog llamado «La ciencia de la mula Francis» en la plataforma Naukas, y en los podcasts *Coffee Break: Señal y Ruido* y en *Ciencia para todos* de la cadena SER Málaga, entre otros medios.

María José Calderón es física teórica de la materia condensada. Doctora en Ciencias Físicas por la Universidad Autónoma de Madrid, ha trabajado en la Universidad de Cambridge (Reino Unido), la Universidad de Maryland (EE. UU.) y, desde 2007, en el Instituto de Ciencia de Materiales de Madrid del CSIC. Su investigación se centra en los materiales cuánticos, como los superconductores, y las tecnologías cuánticas basadas en dispositivos de estado sólido. Ha sido gestora del área de Física de la Agencia Española de Investigación (2018-2021) y presidenta de la División de Materia Condensada de la Real Sociedad Española de Física (2016-2020). Actualmente es directora del Máster de Tecnologías Cuánticas (UIMP-CSIC).

Enrique Fernández Borja se doctoró en Física por la Universidad de Valencia con una tesis sobre agujeros negros y gravedad cuántica. Ahora desarrolla su labor investigadora en el ámbito de la evolución de las redes complejas. Cordobés de adopción, combina su trabajo en la universidad con la divulgación científica. Es el creador e impulsor del blog *Cuentos cuánticos*, participa en el podcast *Los 3 chanchitos* y es el director científico del programa de TVE *Órbita Laika*. Asimismo es autor de varios libros de divulgación entre los que destacan *Un Universo en 174 páginas* y *Las matemáticas vigilan tu salud*.

Alberto Casas es doctor en física teórica y profesor de investigación del CSIC en el Instituto de Física Teórica (Madrid), un centro del que ha sido director varios años. Sus áreas de investigación son la física de partículas elementales, la cosmología y la física cuántica, temas en sobre los que ha publicado más de cien artículos en revistas científicas internacionales. Ha trabajado durante años en las universidades de Oxford y California, y en el Centro Europeo de Física de Partículas (CERN), en Ginebra. Desde hace años, compagina la investigación con la difusión de la ciencia y ha escrito varios libros dirigidos al gran público, entre ellos *La revolución cuántica* (2022).

Sergio Parra (Barcelona, 1978) es editor y coordinador de diversos medios digitales, como *Xataka Ciencia, JotDown, Yorokobu, Muy Interesante* o *Diario del Viajero,* y mantiene un canal de YouTube de pensamiento crítico: Baker Café. Como divulgador científico, es autor de una extensa obra entre la que destacan una biografía de Michael Faraday (RBA, 2013), *La inteligencia artificial. El camino hacia la ultrainteligencia* (National Geographic, 2017), *Eso no estaba en mi libro de genética* (Guadalmazán, 2020) o *300 lugares de verdad que parecen de mentira* (Martínez Roca, 2013). Además, ha recibido algunos galardones y reconocimientos por su obra narrativa, entre los que destacan el XVI Certamen Literatura Ategua por Frío (Septem, 2005), el V Certamen Nacional de Narrativa Caja Castilla La Mancha «Valentín García Yebra» por La moleskine (Nostrum, 2006) o la mención del Premio Ignotus y de los premios de la crítica Xatafi-Cyberdark, que premian lo mejor de la literatura fantástica, por Jitanjáfora (2006).

Gisela Baños estudió física teórica en la Universidad de Leipzig, pero trabaja en el mundo editorial como correctora y escritora. Lleva ya varios años divulgando acerca de ciencia, tecnología y ciencia ficción en redes sociales, colaborando con revistas científicas y literarias de tirada nacional, dando charlas e impartiendo clases y seminarios sobre estos temas.

Alejandro Navarro Yáñez es bioquímico y doctor en Economía. En la actualidad ejerce como profesor universitario y divulgador científico. Ha publicado varios libros de divulgación y es colaborador habitual en varios medios de comunicación.

Avelino Vicente Montesinos se especializó en física teórica de partículas, obteniendo su doctorado en la Universitat de València en 2011. Cuenta con una amplia experiencia internacional, con estancias de investigación en Japón, Portugal, Suiza, Alemania, Francia y Bélgica. Actualmente es investigador Ramón y Cajal en el Instituto de Física Corpuscular, centro mixto del CSIC y la Universitat de València, y profesor en la Facultad de Física de dicha universidad. Cuenta con más de 60 publicaciones en revistas científicas de alto impacto. Compagina su actividad investigadora y docente con una intensa dedicación a la divulgación de la ciencia, con artículos, numerosas apariciones en podcasts, charlas y actividades de diverso tipo.

Rui Silva es un físico teórico especializado en el comportamiento de la materia bajo excitación óptica en el régimen de campo fuerte. Obtuvo el grado en Física de la Universidade do Porto y el máster en Química teórica y computacional en la Universidad Autónoma de Madrid. En 2016, defendió su trabajo de doctorado titulado «Estudio de moléculas diatómicas bajo pulsos láser intensos» en el grupo del Prof. Fernando Martín (UAM). Tras doctorarse, se trasladó al Max-Born Institut en Berlín para trabajar en el grupo del Prof. Mikhail Ivanov, para estudiar la generación de armónicos elevados en objetivos de estado sólido. En 2021, le concedieron la beca LaCaixa Junior Leader – Retaining para iniciar su propio grupo en el Instituto de Ciencias de Materiales de Madrid.

SARAH ROMERO es periodista licenciada por la Universidad de Málaga y está especializada en ciencia y nuevas tecnologías, con más de 20 años de experiencia en comunicación científica. Ha probado todas las facetas de los medios de comunicación: prensa, radio y televisión. Trabajó seis años como editora jefe de informativos en televisión y en Radio 5 Todo Noticias. Fue la fundadora del diario online de ciencia y tecnología *LaFlecha.net* (2003) y escribe asiduamente en la revista *Muy Interesante* sobre diversos temas relacionados con ciencia.

DANIEL TORREGROSA es químico y vocal de la Real Sociedad Española de Química. Ha recibido varios reconocimientos por su labor en la divulgación científica, como el Premio Tesla de divulgación científica 2017 y la distinción San Alberto Magno 2019 del Colegio de Químicos. Es autor de varias obras, entre las que destacan *101 obras esenciales de divulgación científica* (BRMU/Ediciones Tres Fronteras, 2019), *Del mito al laboratorio. La inspiración de la mitología en la ciencia* (Cálamo, 2018) y *Química asombrosa* (Pinolia, 2023). Actualmente es columnista del diario *La Verdad* de Murcia y colaborador de la revista *Muy Interesante*. Es autor del blog «Ese punto azul pálido», que cuenta con más de tres millones de visitas. Además, es colaborador habitual en otros medios de comunicación en radio (RNE, Onda Regional, Radio 3 y Cadena SER) y televisión (LaboratoriUM en La7).

ASIER MENSURO es historiador del arte especializado en cómic y cine, comisario de exposiciones y divulgador sobre temas relacionados con la cultura contemporánea. Autor del libro La pintura en el cómic junto a Luis Gasca. Entre las muestras comisariadas destacan *Los tres sombreros de Mihura* (2005), *Toporgrafías* (2011) o *El arte en el cómic* (2016-2021).

Este libro se terminó de imprimir
en el mes de marzo de 2024
en Industria Gráfica Anzos S. L. U.